韓良露賞味舖 001

食在有意思

韓良露與朱利安的美味情境

韓良露著 朱利安繪圖

韓良露賞味舖 1

食在有意思 韓良露與朱利安的美味情境

作　　者　韓良露
繪　　圖　朱利安
責任編輯　曾敏英
美　　編　陳健美

發 行 人　涂玉雲
出　　版　麥田出版
台北市信義路二段213號11樓
電話：(02)2351-7776 傳真：(02)2351-9179
發　　行　城邦文化事業股份有限公司
台北市愛國東路100號1樓
電話：(02)2396-5698 傳真：(02)2357-0954
網址：www.cite.com.tw
E-mail:service@cite.com.tw
郵撥帳號：18966004 城邦文化事業股份有限公司
香港發行所　城邦(香港)出版集團有限公司
香港北角英皇道310號雲華大廈4/F,504室
電話：25086231 傳真：25789337
新馬發行所　城邦（新馬）出版集團有限公司
Cite(M) Sdn. Bhd.(458372U)
11,Jalan 30D/146, Desa Tasik, Sungai Besi,
57000 Kuala Lumpur, Malaysia.
電話：603-90563833 傳真：603-90562833
E-mail:citekl@cite.com.tw
初版一刷　2003年6月

ISBN 986-7691-18-0

售價:250元　(Printed in Taiwan)

目錄

美味旅行

食在有意思

美味生活

美味文化

食在有意思

飲食過客

逯耀東

過去讀過韓良露一篇〈泥鰍的故事〉，寫的是她兒時和同伴在田地裏抓泥鰍，養在家後院水缸裏，後來管家陶媽媽做了一道她家鄉的泥鰍鑽豆腐，兩人在廚房裏共享。並藉泥鰍鑽豆腐，旁述陶媽媽悲涼的際遇與人生。這是一篇充滿溫情的散文，也是一篇優美的飲食文學作品。泥鰍鑽豆腐一味，聽說，但沒吃過。韓良露卻將一碗頭藏在豆腐裏，灰白色身子露在外面的泥鰍鑽豆腐吃罄了。韓良露從小好吃，而且敢吃，才使她日後兩肩擔一口，走南闖北，踏遍世界覓食，不忌生冷，精粗皆可，隨遇而安，吃得津津有味。

日前，韓良露將她的新書，《食在有意思》見示，偶爾一翻，讀到她在東京吃泥鰍料理，對這種價廉且不甚美味的食品，卻吃得非常有味道，並且在咀嚼的時候，使她憶起兒時的歡欣和陶媽媽來。我常說好吃的人，該有個有良心的肚子，味不分南北，食不論東西，即使粗蔬糲食，照樣吞嚥，不能偏食，且若牛嚙草，時時反芻，牢記在心。當然，這必須與吃的情景相襯，也就是韓良露所說，她一生尋美味，於菜市場，自家廚房，別家餐桌，路邊攤，小舖，人店，飯館外，在書本電影，異國文化中尋。「最後發現最美的味不是食物，而是情境。因爲特定的時光，特定人們，才讓食物的美味，成爲永恆的記憶。」所以，韓良露對於美食的尋覓，除了用舌頭，更用心靈嘗試。這也是在眾多寫飲饌著作的作者中，韓良露是比較特殊的一個。她不僅四處覓食，而且將所吃的飲食與時空人物相配合，不僅是吃出品味，而且將吃提昇到比較飲食文化的層次。

江淹說：「黯然銷魂者，唯別而已矣。」過去農業社會在家千日好出門一時難。離家出門，離情別緒難遣，眞的是明日酒醒何處，楊柳岸，曉風殘月。記得當年，我去香江教書，「天興居」的沙蒼提著一盒他親手烤製剛出爐的芝麻醬燒餅，趕到機場，燒餅還是熱的，夾著厚厚的醬牛肉，要我上路吃。我接過燒餅，眼眶一熱，雖然現在已經不興路食了，但他的盛情可感。

是的，現在交通便捷，即使遠隔重洋，也不過朝發暮至，還沒有來得及抖落身上的離情別緒，已經到了另一個陌生的地方。尤其爲尋求美味走天涯的韓良露，剛吃罷西班牙的生火腿，又吃法國佩斯高的聖誕大餐，喝罷布達佩斯的家鄉魚湯，又去伊斯坦堡吃迷宮頭盤，再趕到里斯本吃塊蛋糕飲杯濃咖啡，回程在東京吃碗美味的丼，回到台北。忍不住到長春路的「好記擔仔麵」，來一份黑白切……，爲覓尋吃，韓良露一路趕來，長亭更短亭，唇齒的餘香未消，又品嚐另一個地方食品了。所以，她是一個飲食的過客。過客，詩人鄭愁予說：

「我得得的馬蹄，是一個美麗的錯誤，我是過客，不是歸人。」不是歸人，就是異鄉人。過客和異鄉人都是淒美的名詞，不過，過客和異鄉人不同，過客只是在此歇腳，明日又是天涯，異鄉人只是飄泊，似池中的無根的浮萍似的飄泊。但飲食的過客不同，在不停地時空更遞，追求著飲食的歡愉。不過，不停歇的尋求中，往往會出現一個飲食文化的邊際。在討論飲食文化問題，靠山吃山靠水吃水，是一個非常重要的因素，不同的民族或不同的地區，有不同的飲食文化地理環境，不論淺嚐或深入品味，往往在不覺中出現不同飲食文化的重疊，將其與家鄉的飲食類比或歸類。因此，韓良露在布達佩斯喝了他們的家鄉魚湯，就覺得很像台北的豆瓣魚加汁，她在義大利喝了冬日各式蔬菜煮成的蔬菜湯，在西班牙北部喝的當地冬日農民湯，她說：「空氣瀰漫著香濃的，彷佛老家廚房裏傳來的味道。這些冬天的回鍋湯，帶來的不只是身體的溫暖，還有心靈的溫暖啊！」她說，她的老家在台北。

韓良露對所經歷的飲食文化的邊際，提出了飲食的「混血」，她說：「世界飲食與世界人種一樣，一直在混血中，台灣人吃的米漿，會不會是源自西班牙的巧克力漿，廣東人吃的糟白魚，又會不會是葡萄牙人鹽雪魚乾的影響呢？」不知是否能混得那麼遠。不過，她所謂的混血，就是飲食文化的接觸與融和，這是自古以來就存在的現象。如果沒有外在影響的污染，不同的飲食文化經過接觸後，漸漸會融和起來，尤其飲食文化是無法斷源截流的！

韓良露是一個飲食的過客，卻不是一個孤獨寂寞的過客，因爲有她先生朱利安相伴相隨，而且她所經歷的飲食經驗，經朱利安對場景的描繪與襯托，這些美味的情景，就變成永恆的記憶了。

序於台北糊塗齋民國九十二年四月二十日

美食乃是夢想的電池

蔡康永

美食只有兩種：我吃得到的，跟我吃不到的。

我吃得到的話，這個美食就算數。我吃不到的話，那就萬事皆休。就算一小塊泡了茶的瑪德琳蛋糕，能像神燈一樣噴出整座普魯斯特的貢布雷來，那也依然是他家的事，我只能置身事外。

所以我不太寫食物的事，我連吃飯時大家對美食的熱烈討論，也很少參加。

但寫美食的書，我是看的，如果那書裏展示了有趣的人生態度。

韓良露的書，不管寫的是占星學、是旅行、還是美食，她篤定的人生情調，都使她的書散發出一股熱情。這個熱情，在很多文藝腔重的書裏是看不到的。文藝腔重的書，老是要裝冷、扮酷，生怕對生活會露出傻笑、變得像鄉下人。

韓良露太「早慧」，應該是大學畢業前，就已經把她扮冷酷文藝青年的配額用完了。到現在你看她的書，會感到她的文章像個小蒸籠，把那些距我們千里之遙的異國美食，都蒸得熱氣騰騰。

我有段時間常寫影評，但我知道我的讀者只能從我的影評裏看見我，卻未必能看見那部電影。看韓良露的美食文章，應該也是這麼回事，被她的文章打動的話，要辨認一下，打動你的是她對生命的喜愛，而不是那道美食，尤其是，當她寫的是納豆那個不明物體的時候……

千萬別誤以爲你會喜歡納豆，即使韓良露爲它展現了那麼大的熱情。

任何美食，都只是夢想的電池。你得先有那個夢想，電池才派得上用場。

相信我，納豆不會比電池好吃太多的。

美味情境

韓良露

與其說我是好美食之人，不如說我愛美味恰當些。

美食，如美人，彷彿總有些客觀標準，不管是標幾顆星或多少名人點選過，都有如選美會訂定的條件，也許有些道理，但常常與己無關，別人選出的美人與自己覺得美的人，哪一個重要？美味正如此，別人說的美食，哪裏比得上自己覺得味美之物呢？

我一生尋美味，於菜市場、自家廚房、別家餐桌、路邊攤、小舖、大店、餐館外，也從書本、電影、異國文化中尋。覓來覓去，最終發現最美味的並非食物，而是情境。因爲有特定的場所、特定的時光、特定的人們，才讓食物的美味成爲永恆的記憶。

《食在有意思》，說的就是這麼一些些關於美味情境的意思，有了意思，才記得住味道，人生不也一樣，有味道的人生實在有意思。

這本書，朱利安手繪了三十多張圖畫，都很有意思。二〇〇二年的夏天，我和本名朱全斌的外子在倫敦度假，我隨口叫一個三十多年沒畫過畫的人幫我的倫敦旅札《狗日子・貓時間》畫插圖，沒想到竟引發出他埋藏多年的潛能，我的靈機一動有意思，他走上繪畫契機更有意思。

於是，取了個畫名的朱利安，繼續幫我的《食在有意思》畫畫，我非常高興他畫出了那麼多具象的美味情境，讓讀者不僅可以靠文字想像，還可以歷歷在目。

希望你們喜歡我和朱利安共同創造的美味情境，這也是我們一向對人生的期望：讓每個日子都過成美味情境。

美味旅行

慾望的紐奧良菜●生火腿的激情滋味●松露之奴●濃情巧克力●法國麵包的五種吃法●思念的希臘優格●伊斯坦堡的迷宮味覺●上海季節的滋味●里斯本純樸之味●普吉意外之美味●簡單丼的美味●農夫午餐和炸魚炸薯條●佩希高的聖誕大餐●懷念沙丁魚之味●布達佩斯的家鄉魚湯●生命中的東京老舖

慾望的紐奧良菜

每當我想起了紐奧良的食物，舌尖上馬上起了小小的騷動；味覺記憶中胡椒的辛甜和辣椒的辛香，讓味蕾奔放，令人忍不住吞下了口水。

紐奧良有兩種最有名的本地菜，都是混血菜，一是由歐裔拉丁人和加勒比海黑人混合而成的克利奧（Creole）食物，像香辣的海鮮湯Gumbo和海鮮三寶飯Jambalaya；另一種是十八世紀由加拿大的法裔移民至紐奧良的嘉郡（Cajun）食物，是法國南方菜配上路易斯安納的美食，名菜有法式炸海鮮三明治（po' boys），以及把小蝦油炸當成爆米花吃的Cajun Popcorn。

在清晨或下午時分，紐奧良人喜歡到傑克森方場旁的世界咖啡屋

Cafe du Monde，吃喝他們最著名的菊苣根提煉的綜合咖啡，及像油炸佬般的灑滿白糖粉的方形甜甜圈（Bejgnets）。

傍晚時分，有一道Blackened Redfish下午點心常被當成晚餐前的開胃菜。由鮭魚或其他魚片裹上薄荷、百里香、大蒜、胡椒油炸，要炸得焦香才好吃。

在盛產長腳螯蝦（Cray fish）的季節，紐奧良人喜歡大啖裝滿整大碗的螯蝦，剝蝦會剝到手軟。要不吃著一打又一打的生蠔，灑上可以讓生蠔辣醒的路易斯安納辣醬（像tabsco），再配上一杯又一杯的血腥瑪麗，兩者一塊下口，全身慾望之火剎那點燃。

紐奧良還有出名的靈魂食物（Soul food），我曾參加過當地市政府辦的特別行程，在中午時去一個胖黑女人開的家庭餐館，吃炸得老老

的南方炸雞，口味香鹹，竟然有點像臺北流行的頂呱呱炸雞，而炸薯條一吃竟然也和頂呱呱一樣是炸地薯而不是炸馬鈴薯；黑人的味覺果然和東方人比較相像。

紐奧良還流行一種美食早餐，從上午八時開始，就開始吃幾十道菜式任選的當地名菜，而高潮並不是菜，而是大喝一杯又一杯加了橘子汁的香檳，這樣吃喝到中午，往往一天的精力在吃完早餐後就用完了，當地人叫這樣的早餐爲「彌撒」。也許對愛吃鬼而言，在食物中尋找天堂還比上教堂容易些。

這種吃法，據說劇作家田納西威廉斯在紐奧良時常常這樣過日子。

寫作了《慾望街車》的他，應當同意，在紐奧良，不僅僅街車叫慾望，食物也應當叫慾望才對！

生蠔和血腥瑪麗的絕配

生火腿的激情滋味

西班牙導演璜畢卡斯，拍過一部電影叫「Jamón、Jamón」，片中用西班牙生火腿來隱喻男女之間的激情。

去年二月，在滿城橘樹結滿艷黃的橘子時，我來到了西班牙南部安達露西亞的老城塞維爾，在那裏，我迷上了西班牙生火腿的滋味。

早年遊西班牙時，吃的生火腿是 Jamón Serrano，雖然覺得不錯，但卻覺得比不上我在義大利帕馬吃的 Parma ham，但到了塞維爾，發現城內開了幾家一看就很高級的生火腿專賣店。

這些生火腿專賣店，布置得很雅緻，或古典或現代的長吧台後，掛了幾十隻不同種類、不同年分的生火腿，可以買回家，也可以坐在吧台上叫杯雪莉酒，隨意叫火腿師傅切不同的生火腿零買吃。

我從火腿師傅那得知，西班牙高級的生火腿叫Jamón de Iberica，這種生火腿必須要選用在安達露西亞荒涼的高山山區野生放養的土豬的後腿肉，只以橡樹子及鹽爲醃料，每個月都要揉搓一次上料，再吊起來風乾滴油，這樣的功夫至少要滿兩年，而最高級的陳年生火腿是六年分。

Jamón de Iberica只在生火腿老饕族中才略有名氣，因爲產量實在太少，高山土豬數量本來就有限，再加費時費人力，產量、知名度自然比不上較大眾化的Jamon Serrano，或法國巴約（Bayonne）生火腿，或義大利帕馬（Parma）生火腿。

我一向愛吃風乾生火腿，但只有等吃到了Jamón de Iberica，才識得眞味。我坐在吧台前，看著火腿師傅把六年陳腿擺放在一個木頭製

的架上，用著鋒利無比的長刀，像削紙片般全神貫注地削下薄薄一片的風乾生火腿。

這片生火腿，乾得如一層透明紙，但又閃耀著艷紅的油光，吃下口絕不油膩，卻又柔軟中帶嚼勁，滋味鮮甜鹹香。

單獨品嚐著六年的陳火腿時，我突然領略了時間在這樣的食物中扮演的魔法，在歲月陳跡中醃製的火腿，明明是讓它變老，卻創造比生豬肉更鮮活的生命力。

也許璜畢卡斯想說的就是這樣的故事，男女之間的激情，就如橡樹子和鹽巴般爲男人女人的身體上料，當男人女人的身體都能像最好的風乾生火腿般鮮活時，才會嘗到最美的愛情滋味。

而最有味的激情，需要時間的催化，別以爲一夜情可以讓天雷勾動地火，如果沒有足夠的思念、盼望和等待，是不會讓靈魂的激情上

火的。因此，最纏綿有勁的激情，陳年的絕對略勝一籌，此等滋味，只有年事稍長才眞懂得。

塞維爾生火腿吧台前的師父

松露之奴

雖然有人說鑽石是女人最好的朋友，但這句話對我可沒效，我平生從不爲任何大小鑽石著迷，但有一回，卻爲一種號稱黑鑽石的食物嘔心瀝血了好幾天。

所謂黑鑽石，即黑色的松露。法國的松露（Truffe），屬蕈科，但不像一般菌類，因其傘柄合一，結成一糰，小者如雞蛋，大的如女人的拳頭，這種蕈類呈黑色，具有特殊的芳香，因爲價格很昂貴，被稱爲「黑鑽石」。

黑松露的香味很奇特，單獨煮它，沒有什麼味道，但如果和其他食物共同烹調，卻會施放出濃郁的香味。最簡單的松露料理，即在炒雞蛋時放一些松露屑，會使炒蛋香味四溢。而十分昂貴的松露料理，在煎法國肥鵝肝時，灑下一些松露，即成爲法國餐廳中名貴的松露鵝肝，滋味香濃，口感滑腴，眞是人間美味。

我一向喜愛松露料理，但在有名的法國餐廳吃松露菜時，常常有荷包大出血之感，而每次吃到的松露都是細屑，從未見過完整的松露球。

有一年冬天，我到法國西南區的佩希高（Perrigord）旅行，在下榻的旅館，看到了當地有一種特殊的旅行團，即採集松露之旅，立即讓我十分興奮，馬上報名參加。

我們的採集松露團，在一月上旬一個亮麗的藍天出發，我們一行人到達一個叫高耳的小村，在一片樹葉凋零的雜木林前，等待我們的是一位頭戴法國貝雷軟帽的老先生，和一頭機伶活潑的豬。

我們一行人就跟著我們的嚮導——老人和豬，走進了林間，只見豬哥四處嗅聞，突然在一處地面停下，開始用鼻臉、雙足猛掘泥土，這時只見老人立即拋出一袋剝好殼的花生，引開豬哥的注意，而由老人自己挖掘出土中的松露。

掘出的松露，有如小網球，老人把松露放入提籃中，得等豬哥吃完花生，再繼續前進。那一個上午，老人的運氣不錯，掘到了六個大大小小的松露。

負責帶我們團的導遊皮耶先生說，目前用豬來挖掘松露的風俗已經在減少中，有些農人早已改用較忠心的狗了，因爲狗不貪吃，挖到了松露，絕不會像豬一般跟主人搶奪，但狗的嗅覺雖然靈敏，但對松露卻沒有豬那麼準確。

那天中午，我們在高耳的小村中，一家以松露料理聞名的小餐館中吃全套松露料理，從松露湯、松露炒蛋吃到松露牛排，吃完餐後，我看到採集松露的老人正準備把今天的收穫，賣給餐廳老闆，我突然

男人帶著豬在冬日清晨的原野上尋找松露

心意一動，也湊熱鬧說要買一粒松露回家。

皮耶先生知道我是遊客，提醒我松露必須保濕，才能保存芬芳，而我在旅途中，照顧松露並非易事，但我的心意已被挑起，自然不聽勸，還是執意買下一顆松露，這顆有如雞蛋大小的松露球，如果在巴黎、倫敦的美食店，起碼要六千台幣，但我只花了兩千台幣就買到了。

雖然省下了錢，但接下來我的行程卻成了災難。餐館老闆教我保存松露的秘方，即把松露先包在濕衛生紙中，再包上濕報紙，讓松露保持濕潤狀態，但濕紙會因水氣蒸發而變乾，因此我要每隔五、六小時就換一次紙。

於是，當我從佩希高坐火車回巴黎，再飛回台北

途中，一路上我都像個殷勤的僕人般伺候著我的松露大爺，在巴黎旅館中，我出外逛街，每隔五、六小時，一定回旅館爲松露換濕紙，連睡覺時半夜都起床爲松露添濕。

我做了一個禮拜的松露之奴，才把松露帶回了台北，立即電告諸親友，我帶回了一顆新鮮的松露，準備做松露大宴請客。

終於做了一個禮拜松露之奴的我，最後可以翻身了，可以將松露大肆切割削碾一番，讓松露化成千萬香魂，飄盪在我的菜肴之中。

濃情巧克力

第一次在西班牙吃到巧克力漿和炸油條（churro）時，不禁想到臺灣的米漿及油條，覺得這兩者一定有關聯，後來查資料，才知炸油條源自阿拉伯風俗，經由摩爾人傳到西班牙，也由胡人傳到了中國北方。而巧克力漿是西班牙自墨西哥帶回來的習俗，至於像巧克力漿的米漿，則可能是西班牙據臺時期帶來的影響。

我每次到西班牙，一定立即找一個下午或深夜，去一家道地的小店叫了一份Chocolate con Churro（配了油條的巧克力漿），這樣的小店常常開在當地的大市場旁，店裏別的都不賣，就只賣這兩味庶民小食，而這種專賣店，往往會有最好吃的巧克力漿及炸油條。

好的巧克力漿十分濃稠，照西班牙人的說法，把湯匙放在中間

貓也想偷吃的濃巧克力漿和炸糖油桃

時，也不會滑向兩邊，可見多濃多厚了，其中除了玉米粉外，巧克力粉一定要足，才會有足夠的香味。

西班牙吃巧克力漿是向古老的墨西哥人學的。但墨西哥的阿茲特克人，喝的巧克力可不是甜的，而是混合了辣椒粉，這種香辣的巧克力是貴族的飲料，平民是沾不到的，而巧克力被阿茲特克人當成回春的飲料，據說阿茲特克的皇帝在拜訪後宮佳麗前，一定痛飲香辣巧克力來增進元氣，而阿茲特克還有一項風俗，會把巧克力放在死人舌上，據說可使死人在來世復活。

巧克力一直被當成神秘的飲料，近來科學家才經由研究發現，巧克力中確實含有增進人腦啡分泌的化學元素，的確能讓人們感受到歡

愉之感。

巧克力被西班牙人從墨西哥帶回歐州，而嗜飲巧克力的西班牙皇后瑪麗亞，在嫁給法皇路易十四時，又將巧克力從西班牙帶到了法國。但歐州人不喜歡辣味，於是改在巧克力中放入當時十分珍貴的糖，使得巧克力成爲貴族社會十分珍貴的飲料。

我從小就嗜喝巧克力，除了簡單的喝法是用Hershey可可粉加熱牛奶外，還自己摸索出一種珍貴的喝法，即買下一大塊的純黑巧克力，磨成細屑後，放在容器中加熱，讓屑狀的巧克力融化，再加入熱牛奶，這樣做出的巧克力，當然又濃又稠又香。

前一陣子到巴黎旅行，看到街上新開了好多家巧克力專賣店，可能和電影「濃情巧克力」帶來的巧克力風潮有關，有一家取名Maya（馬雅）

的巧克力店，就直指巧克力和馬雅文明的淵源，店中賣有許多塊狀的黑巧克力及巧克力屑，我買了好幾包帶回臺北，在一個冬日的下午，請了幾位好友來家中喝熱巧克力，有一位女友後來說，那杯濃巧克力，使她有種強烈的發情感，原來，巧克力的愛情神話並非迷思。

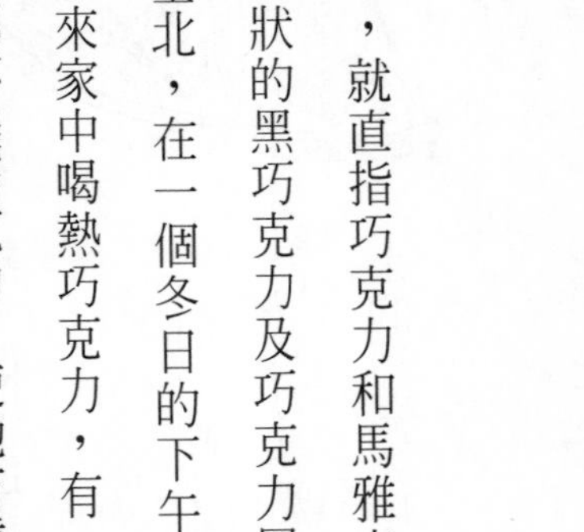

這家Maya的巧克力店，在巴黎聖日耳曼區的布其小巷（Rue de Buci）中，很好找。

另外，在巴黎聖日耳曼區靠近蒙巴那斯大道旁的Rue du Cherche-Midi上，有一家手工巧克力店，看店的是一對結婚四十多年的老夫婦，他們狀其恩愛，老先生告訴我說，他們天天長相廝守，在自己的巧克力工作坊中親手做巧克力，聞到的都是芬芳的巧克力催情香味，當然看彼此愈看愈可愛，因此，他們的巧克力店，就成爲他們愛的小屋了。

老先生還問我，想不想在台北也開一家這樣的巧克力小店，我說會考慮看看，也許店名就叫Passion（濃情）吧！在自己的小店還沒開之前，我每次上巴黎，總是會買上好幾大小包的巧克力回台，我特別喜歡有一味橘乾加黑巧克的，吃來酸酸苦苦甜甜，愛情不正也是這樣的滋味？

法國麵包的五種吃法

每次上巴黎去，總喜歡住在聖日耳曼區，離蒙巴那斯大街不遠的一條小街，這條街叫 cherche de Midi（尋找南法），街面不寬，卻很長，是一條老街，因此街上開了不少老店。這些老店以各種食品店聞名，有傳統的巧克力手工作坊、出名的酒舖、肉舖、熟食店、乳酪店，還有一家被喻爲全法國最好的麵包店，位在「尋找南法」街上八號，叫 Polaine 麵包店。

我住的旅館，離麵包店很近，當我不在旅館用早餐時，一定一大早就到麵包店買出爐不久的牛角可頌吃，這家店迄今仍使用傳統的石磨磨麵粉，及用木柴升爐火聞名。

法國麵包是法國人最自傲的食物工藝，麵包雖然不如葡萄酒或乳酪値錢，但卻最勞心費神，法國人講究吃剛出爐不到一小時的麵包，因此好的麵包店，一天麵包出爐的時間非常密集，而捧場的客人也都願意大排長龍，等待最新鮮可口的麵包。

這家寶蓮麵包店，雖然也供應紐約、倫敦、東京的一流法國餐館，但絕比不上在這家小小不起眼的麵包店內現買現吃。這裏有各種麵包，如長得像奶油圓球的Brioche、長棍麵包（Baguette）、普羅旺斯有氣孔的平麵包 Fougase等等，但一般人買得最多的，卻是這家店的名物 Boule。而這種圓圓鼓鼓的不發酵麵包，是法國農家的正宗麵包，從中世紀就有了。

至於牛角可頌據說發源自維也納，做成新月形是有吃掉土耳其的意思，因爲土耳其的國旗是新月，後來因嫁給路易十六的瑪莉安東尼帶到法國，這位後來上了斷頭台的皇后，聽說法國人沒麵包吃時，竟

然問他們爲什麼不吃肉？以前聽這個故事，總覺得瑪莉安很無知，現在才想或許她眞的覺得麵包比肉好吃吧！

長棍麵包也是發源於奧地利，如今卻變成法國麵包的代表，也成爲法國人的最愛，可以從早餐吃到晚餐，據說吃長棍麵包有五種吃法，先用眼看麵包外皮是否爲金黃色，再用手彈彈麵包皮是否鬆脆，再傾聽手打麵包底部時發出的打鼓聲，再深深嗅聞麵粉烤出的香味，最後才來品嚐麵包的咬勁和淡淡的鹹味及麵香味。

這五種方法乃色、聲、香、味、觸也。

前些時日，在台北爲法國在台協會主持一場美食活動，來賓竟然是Polaine的店東Lionel Polaine，當我告訴他我在巴黎時常買他的麵包，他則問我要不要像勞勃狄尼諾一樣，每週由巴黎總店空運麵包到我家中；嗯！聽起來不錯，不過，等我中了樂透後再訂貨吧！

看了好想吃的法國麵包

思念的希臘優格

十多年前第一次到雅典，住在城中的旅館，吃早餐時第一次吃到所謂的希臘優格（Greek Yogurt），當下吃得入迷，連吃了三碗，其他食物都不顧了。

希臘優格的特色就在非常濃郁，又打得很細密，吃在嘴中，舌頭上會有很特殊的觸感，又滑又黏又軟又有彈性，還有一種奇異的豐滿感。那一次，我舀著乳白的優格，加上了希臘著名的各種花香蜂蜜，深深感歎食物的造化，竟然帶給我等小民如此歡愉。

後來，雖然在世界各地，偶爾也看到用紙盒賣的希臘優格，卻再也吃不到在希臘時吃到的滋味了，問希臘朋友，他們才說好的希臘優格，要用最新鮮的牛奶，而且要在吃前不久才用手工打做，才顯得出奧妙之處。

這一點讓我聯想到小時候爸爸在家把新鮮的黃豆磨好，現煮的豆漿，當然比超市賣的紙盒豆漿好喝多了。

去年夏天去希臘度假，一到了雅典就四處找希臘優格吃，找到時吃到嘴中，心中竟然充滿感動，難道我一心來希臘度假，爲的不是希臘的碧海藍天，而是爲那一碗優格來的。

整個夏天，我住在米克諾斯島上，天天吃優格，過癮極了，讓我很喜歡的還有像阿拉伯食物沙威瑪的希臘 Gyro，島上有不少小店、小攤、烤著雞肉、豬肉、（阿拉伯人不吃豬肉，希臘人吃烤豬肉，很對華人胃口），這些串成像紡錘一樣的大肉串，薄片切下混合著蔬菜、醬料包著 Pita（薄餅）吃。

在島上的日子，天天游泳，中午吃得很簡單，常常就是一、兩個Gyro，配上希臘沙拉。希臘沙拉用生菜、蕃茄、黃瓜、青椒、橄欖，加上乳白色的山羊乳酪 Feta，拌上橄欖油、醋一道吃，仲夏吃來，十分爽口。

優格加希臘沙拉，幾乎成了那一個夏天的主食了，但卻一點沒吃膩，簡單的口味眞的比較耐久。

離開希臘後，再也吃不到那麼簡單、好吃的優格和沙拉。雖然愛琴海的清澈、希臘天空的藍、島上海風的柔和都令人懷念，但最勾起思念的，竟然還是希臘優格。

朱克洛斯島上愛吃希臘優格的鵜鶘

伊斯坦堡的迷宮味覺

伊斯坦堡是像我這種喜歡吃小食的人的天堂，有一道土耳其有名的前菜叫迷宮（Meze），大圓盤內最少放上六樣小菜，也可高達幾十樣小菜，而這種分量竟然只是前菜。這道菜名取得眞好，代表了味覺的迷宮，一旦身陷其中，就走不出來了。

在這些小菜中有切碎的荷蘭芹（Parsely）混合著洋蔥粒，有搗成泥狀的茄子泥和豆泥，有加了薄荷的優酪，有包著葡萄葉的米飯……等等，這些開胃的各式小菜入口，就令人食欲大開，接著的土耳其主菜則以烤物居多，主要是各種烤肉串（羊肉、牛肉），或者是各種烤魚。

伊斯坦堡人也好吃中東的名菜沙威瑪，街上到處都見食攤在賣，但一般都當成零嘴而非正餐，此外，當地人喜歡吃 Mussel（淡菜），連街頭小販都推著平板車在賣。

伊斯坦堡的食物風情，十分東方，白天到處有街頭小販，推著升火的爐子到處賣著繁複無比的街頭小吃，有土耳其飯糰，米飯加雞汁加豆子加栗子，有芝麻圓餅（Simit），硬硬的口感，厚實的麵香，一個才賣台幣二元。還有一種很像臺灣人愛吃的潤餅捲，由一樣的潤餅皮包上起士、肉末、菠菜等等。

伊斯坦堡人嗜吃甜食，像英國人愛吃的Turkish Delight（土耳其之樂），就是一種像彩色軟糖一樣的甜食，土耳其人喜歡用各種乾果，像花生、核桃、榛果、芝麻……等等混合麥芽糖做成各種塊狀果糕，跟中國北方人愛吃的各種核桃糕、南棗糕很像，也許是中國北方人受胡人（土耳其人）的影響。

伊斯坦堡人更好喝紅茶，除了到處看得見茶室外，還有不少流動的茶攤子，讓人在等候公車時也可站立著來一杯Cha。土耳其喝紅茶加糖不加奶，喜歡用透明的玻璃杯裝，琥珀般的茶色顯得十分誘人。

土耳其的咖啡是不過濾的，用碾磨得十分細碎的咖啡粉加水在火爐上煮到冒泡，然後整個倒入杯中，往往喝到一半，已經是滿口咖啡渣了，這時把咖啡渣倒入盤中待其風乾，便可觀察命運的圖像，這種土耳其咖啡占卜，據說靈得很。

土耳其人喝的酒叫Raki，和希臘人的Ouzo是雙胞胎，這兩個食物、種族都十分混合的地方，在宗教上卻是勢不兩立（東正教和回教）的人民，都堅持自己的才是正統。Raki酒精度高達百分之四十五，故外號叫獅子奶，意味著喝了會很有勇氣或一點力氣也沒有了。

伊斯坦堡的食物就像迷宮一樣，吸引著我這種對世界飲食十分好奇的旅人，回到臺北後，偶爾回憶起那種古老、神秘的味覺，就很遺憾臺北沒有好的餐館。

原來，曾經進入土耳其味覺迷宮的我，已經忘不了迷宮的滋味了。

清真寺前端茶的男孩

上海季節的滋味

二月底在上海小住，常到住處附近陝西南路、進賢路交口的瑞福園吃飯，那兒有不少地道的寧波小食，像熗蝦、熗蟹、寧波醉銀蚶、㸆菜、寧波小湯圓等等都做的挺好。

除了這些四季都有的菜式外，我更喜歡那些隨著季節而變化的時令菜，像二月底時，叫一味剛上市不久的清炒草頭，正值這款野菜最鮮嫩清香的時候，吃到嘴中，彷彿吃到了早春剛探出嚴冬的尖兒，滿嘴都是春曉的香氣。

三月底又去了一趟上海，還是來到了瑞福園，想著上回草頭的鮮味兒，跟著挺熟的安徽來的女侍吩咐來個清炒草頭，誰知女侍說快到清明了，草頭已經有點老了，不如換吃這會還鮮嫩的空心菜吧！

我索性兩樣青菜都叫了，反正現代人多食蔬總沒壞處，草頭來了，我一試，果然如女侍所言，入口略生粗，一個月前的那股柔軟清香的口感及味感也淡了，想必上個月剛發芽不久的草頭如今都長成了葉，歷經了一個月的風霜，強勁的野味不得不出現了。

反而是正當時令的空心菜梗，躺在白磁盤中，現著水翠的碧色，那顏色剛好跟眼下行道上的梧桐樹剛發的新芽一樣的碧青，這時的空心菜嫩中帶脆，吃來清甜爽口。上海的朋友後來說，吃空心菜要看著梧桐葉，等梧桐長成了綠青色，空心菜也會跟著變色，那時口味嚼勁也都略老了。

清明前也是吃刀魚的好時節，此時剛好迴遊到長江的刀魚，個頭正好，不到一斤的刀魚，魚肉最細，又有股特殊的野鮮味，一吃難忘。

刀魚刺極多，幾乎分布全身，嚴密如網，清明前，這些刺如鵝毛，只要吃時極小心，用舌尖挑著還可應付，但等到清明後，魚刺就愈來愈硬了，最後會刺如針，吃來挺扎口。

那一晚，幾個朋友叫了一尾清蒸刀魚，最後還用一盆光麵拌魚汁吃。吃的人都滿意極了，因爲吃到嘴裏的不只是魚，還是季節微妙的滋味啊！

吃春天的草頭和刀魚的上海女人

里斯本純樸之味

提到里斯本的吃，當然不能不先談前幾年從澳門引進在臺北造成瘋狂的葡萄牙蛋塔熱。

葡萄牙人當然愛吃蛋塔，里斯本大街小巷的咖啡館一定有賣 Nata（蛋塔），但當地人一定配上他們的濃咖啡Bita（類似Espresso的小杯黑咖啡），上午或下午時分，這是標準的早茶、午茶。

Nata的發源地，在海港 Belem，那裏有一家近兩百年古老的蛋塔店，店門入口小小的，進去卻有十幾間房間，上百張桌子坐滿了圍著吃熱烘烘剛烤好蛋塔的顧客，許多吃客走時還會上打上打地買回家。

除了蛋塔外，葡萄牙人也嗜吃厚片土司，烤得熱熱的塗上奶油果醬，在里斯本近郊Sintra小鎮有一家老店專賣厚片土司和熱奶茶，吃時還要排隊等候。

葡萄牙雖然近海，但大多的漁產只有中上階級才吃得起，一般窮人吃的就是沙丁魚了，烤、煎、炸的做法，像極了臺灣海產店，夏日遊覽里斯本時，可以看到滿街的海產店在戶外烤沙丁魚，濃郁的魚油香味飄盪在街道之間。

葡萄牙的國菜是由鱈魚乾調製的各色料理，這種加著碾碎的鹽鱈魚乾（有點像廣東人的曹白魚乾），加上蛋、洋蔥、馬鈴薯做成的**Bacalhau**（巴卡哈），據說有三百六十五種以上的食譜，因此天天吃一道，一整年也不會重複。

鹹鱈魚本來是很便宜的食材，但因大量捕獲，數量已逐年減少，現在鹹鱈魚變成了昂貴的食物，窮人是不可能吃一整塊水煮鹹鱈魚了，只能泡軟了剁成碎泥，和其他食物一起合煮。

廣東人也有吃鹹魚的習慣，像鹹魚雞粒煲、鹹魚蒸肉餅、鹹魚炒飯等等，不知道和葡萄牙人有沒有關係？

葡萄牙一直被人認爲是歐洲的鄉村，而葡萄牙菜迄今也都有著強烈的農夫、漁夫氣，這種味覺十分純樸，雖不會讓人一吃驚艷，但卻很不容易膩，像我在法國時，常常吃了幾頓美食後，就會想找中國餐館換口味，但在葡萄牙反而吃得很對胃口。

想到里斯本街上那些小吃店，小小的店面，由爸爸掌廚，媽媽招呼客人，小孩收桌收碗，白鐵架著的玻璃窗內，海產還放在大冰塊上冷藏著，叫幾盤海鮮，不是直接烤來吃，就是用蒜頭、油炒一炒，這樣的滋味，實在太熟悉了，眞像台灣南部的小吃店。

原始的純樸之味，常常是舉世皆同的，旅行中遇到這些純樸的滋味，讓旅人有暫時回到了家的感覺。

普吉意外之美味

前些日子到泰國普吉島度假，住進了素有gourmet hotel（美食旅館）之譽的Mom Tri's Boathouse（曲媽媽的船屋）。

這間旅館就位於Kata（卡塔）沙灘旁，蓋得就像個船屋，旅客絕大部分是北歐人，說著瑞典語及丹麥語，我們只碰到兩個說美語的Lonely Planet（寂寞行星）旅遊叢書的攝影記者，而東方人竟然只有我和我先生。

這間船屋旅館，自稱她的食物是普吉島最好的，這點很難調查考證，因爲一般人沒辦法吃遍普吉島的食物，但愛吃的我，確實把她有的三家餐廳都嚐過了。一個是以藏酒聞名（她的酒窖曾被Wine Spectator雜誌評爲泰國最好的）的Wine & grill，西式食物不錯，有一

令人耽溺的冬蔭功湯

晚我吃了很好吃的起司咖哩烤rock lobster（岩龍蝦——一種小型龍蝦）。另一晚我試了泰式烤魚及冬蔭功湯，烤魚尚可，冬蔭功湯卻讓我很失望，因爲爲了迎合北歐人（或西方人）口味，冬蔭功湯變得很清淡，不辣不香、不酸不濃。

我問旅館的侍者，哪裏可以吃到眞正滋味的冬蔭功湯，他們推薦旅館另一家餐廳Gung，是標準泰式餐館，但冬蔭功湯還是不夠地道，不過泰式炒粿條、炒飯，及紅、黃、綠咖哩都很不錯。另外，是食器很美，把有鄉野性的泰國菜放在十分典雅的青陶盛具中，美得很誘惑。

兩家餐館的位置都好極了，面對著亞得曼海，kata沙灘就在腳下，環境浪漫。

另一家MonTri's Kitchen賣的是義大利菜，我只吃了簡單的Pasta做午餐，水準亦佳。

船屋旅館的三家餐廳都符合美食的水準，陳設、環境、服務都是一流，價格則合理，不貴但也不便宜，兩人用簡單午餐（不連酒）約七、八百元，正式晚餐則要加倍。

但在Kata beach時，我的美食驚嘆反而來自船屋旅館對面的當地小店，我看到一家叫Flamingo（火鶴）的餐館，竟然有老式的義大利露天石頭烤爐，裡面燒的還是木材炭火，一問之下，原來老闆是待過義大利的德國人，因爲喜歡普吉而落戶當地，爲了做出普吉島最好的Pizza，他架出了島上獨一無二的石頭烤爐（stone oven）。

我試吃了最簡單的Oregano牛至草加蒜粒及辣椒的薄片Pizza，眞是好吃極了，不輸我在許多義大利餐館所吃（許多義大利的餐館也沒有這種老式烤爐了），炭火燻烤出來的麵皮又脆又有勁，還帶了柴香。

爲了配Pizza，我又叫了冬蔭功湯，店主問我是不是要吃道地的，我說當然，於是來了一碗好吃極了的冬蔭功湯，濃香酸辣，但唯一和曼谷不同之處，是我發現普吉島的冬蔭功湯除了固定的香料（南薑、卡巴利葉、檸檬草）外，還會加韮菜（不曉得是不是受普吉島上眾多中國人的影響），因爲我在船屋、火鶴及後來幾家喝的冬蔭功湯中都放有韮菜。

美食之旅就是這樣，我專程去船屋，得到的美味還算滿意，但並不驚喜，但在當地意外發現的小店，卻讓我十分驚喜。

沒有期待而來的意外之美味，是旅人不斷探訪世界美食時最美好的收穫。就像人生一樣，一心計畫的事，有時反而比不上隨遇的歡喜。

簡單丼的美味

在日本各地旅行時，只要聽到哪裏有好吃的丼，一定不會錯過，丼，說來簡單，不過是一碗白飯，上面覆蓋了一些食材，但遇上好吃的丼，卻往往比一餐會席料理還吃得盡興。

第一次吃丼，是十幾年前在東京的淺草，朋友推薦我去大黑家本舖，吃他們有名的天丼，也就是炸蝦天婦羅飯，這裏的炸物用的是黑麻油，有一股特別的濃香，澆上特製的佐料拌上白飯，眞是好吃極了。

好好吃的海膽、鮭魚子、帆立貝的三色飯

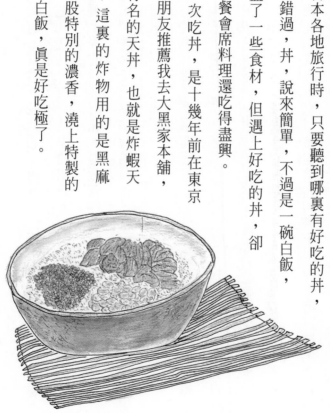

到了函館，當然不能錯過三色丼，白飯上蓋了滿滿的生海膽、生鮭魚子和生帆立貝，加一點醬油和芥末，函館朝市有不少海鮮攤，每一攤都賣著上等的新鮮海味，附近有些餐館，先向他們買一碗飯，之後找一攤，付些錢自已挑些海膽等等，就可當場吃起來，那種香甜的滋味絕對會讓人懷念一輩子的。

回到臺北後，雖然偶爾興起，也會到好的海鮮市場，買海膽、帆立貝、鮭魚子回家自已弄來吃，就怎麼也吃不到當初在函館吃的滋味了，也許是因爲家裏沒有函館朝市那陣陣傳來的海風的味道吧！

本來以爲帆立貝、海膽要生的配飯才吃得出特殊的甘甜滑腴，但到了日本東北的青森，吃了當地著名的鄉土料理味噌貝燒，才知道熱的海膽、帆立貝有另一番風味，這式丼的火候要拿捏得很準，把新鮮肥嫩的帆立貝放在熱油中混合了味噌、蛋汁一起煮，等煮到半生熟，起鍋前放一點蔥花，拌上白飯吃，口感妙極了，吃完了一碗會忍不住還想再吃一碗。

然而帆立貝、海膽等等，即使在盛產地，也有相當的價格，總不能常常吃，但是窮人也有自已美味的海鮮丼，用的都是漁港上岸最常見的一些魚材，像東京下町區的深川，就有一道很富庶民風味的深川丼，用的是海瓜子肉和炸豆腐及青蔥加醬油、味噌一起煮，蓋在白飯上時再加些海苔碎片，這道丼也成爲隅田川一帶的漁夫最家常的食物，當我吃著深川丼時，就不免想到小時候外婆用煮的味噌蜆湯拿來拌白飯，在冬天的夜晚，吃一碗這樣的湯飯，全身熱呼呼的。

至於日本大街小巷都常見的勝丼（炸豬排飯）據說是發源自東京銀座的煉瓦亭，起先是用麵包配西式的炸豬排加辣醬油，後來愛吃白

飯的日本人紛紛要求要將麵包換成白飯，這種吃法就變成了勝丼的前身。後來又演化成用麻油炸豬排，而且再加上半熟的蛋汁，混上白飯就更好吃了。

丼，有一種又簡單、又豐富的感覺，又很適合一個人吃，寂寞的人，在下班的夜晚，找家小小的店，和一大群陌生的人聚在一起吃一碗自己的丼，也眞有了一點點慰藉。

農夫午餐和炸魚炸薯條

在倫敦住了五年，對英國食物不免日久生情，雖然歐洲流行一則笑話：天堂裏英國人當警察、法國人當廚師、義大利人當情人、瑞士人當工程師，但地獄中卻是英國人當廚師、法國人當工程師、義大利人當警察、瑞士人當情人。

英國食物不受世人歡迎，由此笑話可見，但嚐盡世界美食的我，卻也在英國發現一些讓我一吃鍾情、再吃思念不已的食物，再加上在世界各國遊走，在不同的地方想吃到好的中國菜、義大利、法國菜都有

懷念的農夫三明治和炸魚炸薯條的滋味

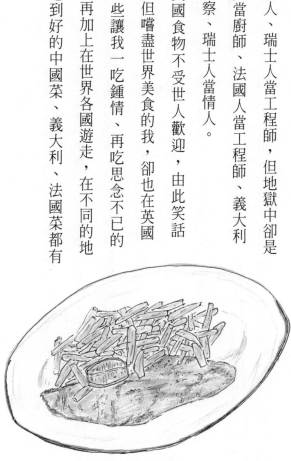

可能，但卻只有在英國才能吃到好的英國食物。

這也難怪，近幾年每次重返倫敦，下機三天之內，一定都是先重溫一下英國食物的舊味，之後才覺得全身舒暢，可見得五年的英國食物緣，已經在我的味蕾記憶中下了思念的蠱。

在英國食物中，我最不能抗拒的首推農夫午餐，實在是很簡單的東西，兩片黑麥麵包中，夾上重口味的萊斯特乳酪，再加紅洋蔥甜醬，這樣平凡的三明治，原本是農人包在紙袋中帶到田裏工作的午餐，如今下田的人太少，卻是上班族在三明治舖或酒館中常叫的食物。

倫敦人嗜吃三明治，口味有數十種以上，但我對這道農夫三明治卻情有獨鍾，屢吃不膩，就像情人眼裏出西施一樣，我覺得農夫三明治中幾樣東西加在一起，就形成了味覺的魔法，打動了我的心。每次吃這麼普通的東西，我都會覺得很滿足，讓對農夫午餐免疫的外子直呼荒唐，好在三明治可以各吃各的，吃農夫三明治，再配上英國的苦啤酒，更是美妙，尤其是人坐在酒館的火爐旁，大口咬農夫三明治，再灌幾口啤酒，不亦快哉。

第二樣讓我嗜吃的英國食物，也是平常的百姓食物，就是炸魚與炸薯條，不過要吃好的炸魚、炸薯條，絕不能在酒館中叫，也不能吃街上快餐店賣的，非得去一些老式的只賣炸魚與炸薯條的舖子，那樣的店裝潢要愈簡單愈好，走進去往往只見乾淨的不鏽鋼料理檯中，只會有幾條剛炸的魚和一些些薯條，這樣的店講究現炸現賣，而且用的鱈魚、鰈魚及馬鈴薯都是新鮮的，味道和冷凍貨大不相同。

吃炸魚及炸薯條時，調味料只加一丁點鹽，再灑上咖啡色的麥醋，略鹹略酸的味道，挑出了炸魚和炸薯條的鮮甜。

吃炸魚、炸薯條，最好是買一白紙袋包，邊走邊吃，尤其冬日裏冷風一吹，熱熱的炸魚丟入口中，內心就覺得無比的滿足，還好炸魚、炸薯條不貴，這樣的享受窮人也應付得起。

農夫午餐及炸魚、炸薯條，都是平民的食物，吃了都會有一種充實感，會讓人恢復元氣，這和吃過很精緻的料理後的感覺很不同，但也許因爲

這兩款食物都太平凡了，價錢也低，因此不太被當成美食看待，卻是我每在臺北常常思念的英國美食，就像我在國外時，想到蚵仔麵線和臭豆腐就激動不已，都是家常的滋味，一旦深入你心，就無法掙脫了。

佩希高的聖誕大餐

前些日子看法國電影「聖誕蛋糕」，片中的女主角在爲家人準備聖誕大餐時，在開膛剖腹的大火雞腹中塞滿了鵝肝醬，但因忙著和姊姊講閒話，忘了把桌上已切片的黑松露放進火雞中，但火雞卻已經縫上了棉針，放進了烤箱，害得女主角懊惱不已。

看這部電影時，讓我想起六年前我在法國西南部的佩希高小鎭過的聖誕節，以及當時吃的聖誕大餐。

法國人過聖誕節，就像台灣人過農曆年一樣，總是會比平常捨得買一些昂貴的食材，我爸爸過年前總是會上迪化街買魚翅、鮑魚、日本花菇之類的，而法國人愛買的則是黑松露、鵝肝、生蠔、香檳、巧克力等等。

法國人一向認爲上天讓黑松露、鵝肝、生蠔的盛產季都在聖誕節前後，是有用意的，這些一年四季都是法國人視爲珍饈的食物，遇到了聖誕節時更可吃到食材的時令味，因此平常捨不得吃的人，現在不吃就可惜了。

我選在佩希高過聖誕節也是有道理的，鵝肝、黑松露都是佩希高的名物，生蠔的產地阿爾卡雄又離佩希高不遠，再加上佩希高附近的林間還盛產冬栗，佩希高巧克力的風評也不錯，佩希高一向以美食之鎭聞名全法，到了聖誕節，更顯出佩希高得天獨厚之處了。

那一夜的聖誕大餐是這樣的……我們先吃了非常新鮮，還帶著海潮鹹味的生蠔做冷前菜，配上了法國人聖誕節必喝的香檳，之後吃用西南方的亞瑪邑白蘭地微煎的嫩鵝肝當熱前茶，酒則換喝離佩希高不遠的布根地酒區的夏多尼白酒，之後吃佩希高有名的油封鵝燉豆子沙拉，再換喝隆河酒區的玫瑰紅酒，接著吃了一小球的薄荷冰霜來醒醒口中的滋味，準備吃下一輪的主菜，佩希高產鵝出名，當然不會吃火雞，聖誕大餐的主菜則是在三公斤的大鵝中塞滿了鵝肝醬和黑松露，再慢慢地放進傳統的柴火爐中火烤，這樣烤出來的鵝，眞不輸北京烤鴨；黑松露的香味、滋味，混上了鵝肝的軟滑甜腴，再加上烤鵝的脆皮和香甜鵝肉，眞是好吃極了，而我們喝的西南酒區的貝爾傑紅酒，也和這道主菜配合得很好。

主菜之後，再上了一些當地的乳酪來幫助消化，接著吃用新鮮栗子做的栗子慕思當甜點，再配上用秋末的貴腐菌葡萄做的有名的索黛甜白酒當甜點酒，喝咖啡時則配亞瑪邑的白蘭地酒，同桌的男客人有人則點上了古巴的雪茄。女客人則吃些黑巧克力。

那頓聖誕大餐從七點半吃到快十點半，美味盡興極了，今年的聖誕節我想在台北家中試著炮製一番，新鮮的生蠔、鵝肝都不難買到，新鮮的松露則要用罐頭的油浸松露來取代了，想到要在家中做這樣的一餐，就開始興奮起來，美食眞是可以對生命催情的。

懷念沙丁魚之味

在天母的高島屋超市，看到了新上市的新鮮沙丁魚，個兒雖然小小的，但泛著亮麗的銀光，一看就很鮮美，我腦中立即回憶起各種沙丁魚的滋味，於是挑了幾尾，同行的朋友，好奇地問我沙丁魚要怎麼做呢？因爲他一向只吃過裝在罐頭中的油漬沙丁魚，從沒想到沙丁魚也有新鮮的吃法。

沙丁魚一向被認爲是很廉價的食物，在南歐，沙丁魚是窮人的美味。像我在葡萄牙旅行時，當沙丁魚盛產時，里斯本的老區阿法瑪一帶，就有不少小販在街道上架起露天的烤架，上面火烤著一條又一條的沙丁魚，新鮮的魚什麼調味料都不需要，只見小販在空中揮灑著粗粒的海鹽，像細雪般掉落在魚身上，沙丁魚肥腴的腹身在火烤中散發著香甜的氣味，魚油掉入烤炭之上滋滋地響著。

這時旅人站在路邊，隨意買了一條烤好的沙丁魚，就站在黃昏的街道上吃了起來，魚肉的焦香中還帶著海潮的味道，吃罷了一尾魚，又來一尾，彷彿貪嘴的貓咪，而魚攤旁聚集著不少剛下工的勞工人士，都在回家之前，彷彿吃小吃般地吃著便宜又美味的火烤沙丁魚。

那一次的經驗，讓我愛上了沙丁魚，有人嫌沙丁魚腥氣重，但新鮮的沙丁魚腥味卻有股奇香，而且化在嘴中不易消散，因此吃了幾尾之後，一整個晚上嘴中都有魚味回憶著，這當然不是中上階級喜歡的感覺，讓人走近身邊，都會聞到你嘴裏的氣息，但旅人喜歡的就是這種感覺，而窮人喜歡的也許正是這種我吃過了魚的強烈滿足感吧！

有一年去南法的聖托貝參加國際電視節，主辦單位在海邊的堤防上搭起了大帳篷開晚餐派對，整晚的菜式都是沙丁魚，主廚費盡了心思，從醋漬的沙丁魚前菜到用沙丁魚燉出來的海鮮濃湯，再到混合各種普羅旺斯的香料一起油煎的沙丁魚，海風吹著帳篷沙沙作響，帳篷外是十點了還猶自發亮的寶藍天空，我喝著一杯又一杯的普羅旺斯玫瑰紅酒，陷入沙丁魚提供的無盡歡愉中，我身旁的法國人告訴我他父親是漁人，早年每次捕完魚回家，都在港邊把貴魚賣給收魚貨的人，帶回家的多半是沙丁魚，因此各種沙丁魚料理就成爲最令他懷念的家庭的味道了。

日本人也熱愛便宜的沙丁魚，日本友人曾帶我去被喻爲海潮之港的金兆子吃沙丁魚料理，那

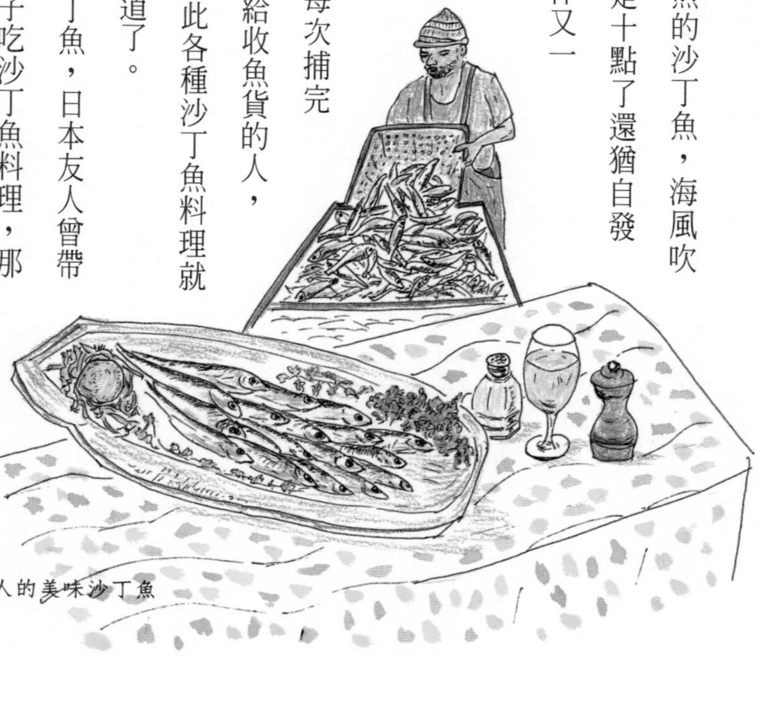

捕魚人的美味沙丁魚

裏有一家餐館用沙丁魚調製成十幾種料理，像把沙丁魚烤成半生熟，拌上香蔥及味噌，味道不輸半生熟的鰹魚，還用沙丁魚醋漬後做成生魚握壽司，吃在嘴中有股強烈迷人的生腥香。

當天晚上，我把買來的沙丁魚用薑絲及醬油燉煮，澆在熱飯上，就成了一碗沙丁魚丼了，簡單卻美味無比，其實人生好滋味，不一定要花大錢的，有時平常之味反而讓人更滿足，我吃著自己隨手做的醬油沙丁魚拌飯，忽然想到了某個童年的夏天，自己不也端了一碗醬油什麼的拌飯，就蹲在家門外像個小乞丐般的吃著，這種小孩子吃東西的樂趣，哪裏是在餐桌上正經八百吃飯的大人懂得的。

布達佩斯的家鄉魚湯

一九九四年的冬天，我在倫敦認識的匈牙利好友麗拉，邀我去布達佩斯玩。

到了布達佩斯後，麗拉請我去當地一家有名的魚湯老店Koma'rom，吃這家出名的ikera's。

說實話，魚湯好喝極了，但古怪的是，我一點都不覺得喝的是匈牙利魚湯，而是中國的豆瓣鯉魚湯，我仔細檢查著這道魚湯的內容，沒錯，魚用的是鯉魚，並且是有魚卵的鯉魚，調味有匈牙利出名的辣椒粉（Paprikas）、蒜頭，而濃稠的魚湯中竟然還飄浮著一粒一粒的黃豆豆瓣。

麗拉說這家魚湯開了兩百多年，一直以擁有私家秘方聞名，雖道他們的奧秘竟然是中國調味料嗎？

我在布達佩斯租的旅館公寓附有一個小廚房，有一天我決定實驗一番，先到當地有名的市場大廳（Market Hall）的地下室買活鯉魚，請對方現殺（匈牙利魚販也提供這樣的服務），之後去中國雜貨舖買辣椒粉、蒜頭、豆瓣醬。

我照著做豆瓣鯉魚的方式做好了魚，之後再多加些水熬成濃湯（中式豆瓣鯉魚是不做成湯的），當來吃晚餐的麗拉看我端上這碗魚湯時，她一臉不解狀，之後她喝了一口湯，更是驚訝地問我：「你怎麼會做 ikera's呢？」

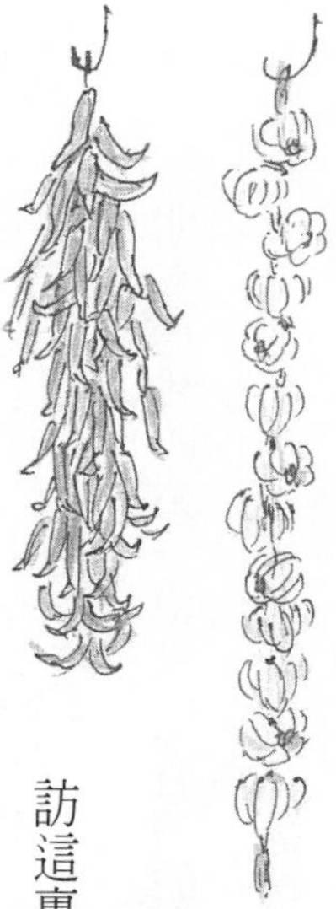

類似的經驗，我也曾在義大利老城曼多瓦遭遇過，那一次我拜訪這裏中世紀名城時，當地友人知道我好

研究飲食之道，特別帶我去一家專賣曼多瓦鄉土料理的老店吃飯。

朋友為我叫來一道當地有名的古菜，來的是Risotto（燉米飯）；我吃了一口，突然失聲而笑，怎麼會跟小時候生病沒胃口時，媽媽為我熬的碎肉飯一模一樣。不過就是碎肉混合著生米在水中煮滾開，不斷攪動到米熟肉爛。

眞是世界飲食一家親，後來我想起這兩次經驗，想出了一個沒辦法徹底查證的理由，**匈牙利一向被當成是匈奴的後代，也許豆瓣鯉魚的做法就是這樣翻越了天山**。而曼多瓦靠近威尼斯，又近波河流域，據說馬可波羅不僅從中國、中亞帶回了義大利麵，也帶回了米。碎肉飯的家鄉會是來自馬可波羅去過的杭州嗎？

世界飲食就跟人種一樣，一直在混血之中，臺灣人吃的米漿，會不會是源自西班牙巧克漿，廣東人吃的曹白魚，又會不會是受葡萄牙人鹽鱈魚乾的影響呢？

人在異國的旅途中，偶爾遇到各種神似家鄉菜的異國料理時，眞有世界大同之感。

發現了匈牙利魚湯的秘密

生命中的東京老鋪

前些日子看日本劇作家池波正太郎寫的《東京美食散步》一書，書中提到的食舖都是開了幾十年、上百年的老舖，看這本書，讓我突然像坐上了時光列車，回到了一九八四年的夏天。

那一年夏天，還年輕風華的我，在台北還未流行哈日風之前，竟然因爲自己小時候跟著受日本教育的外公、外婆住榻榻米屋吃日本料理看大陸書店的日文版雜誌，因此早就對日本風情心嚮往之，於是決定趁友人在東京念書期間的暑假，去東京小住一番。

住定後，就去紀伊國書屋買了好多關於東京的書，其中一本《東京百家美食老舖》，也成爲我覓食的指南，坐著山手線、丸之內線、中央線等等地下鐵及都立電車的我，從淺草吃到了涉谷、銀座、新宿、自由之丘等等地區。

我在池波正太郎的書中，看到了幾家當年我去過的老店，像位於目黑車站附近的「一茶庵」蕎麥屋，一間老式的兩層樓的檜木和風住宅，遺世獨立地隱藏在附近都是高樓大廈的現代建築的一條靜巷內，推開木格門進去，充滿百年歲月痕跡的和室中，總有一些穿著得體的中老年人在那兒低著頭慢慢吃著店裏著名的手打蕎麥麵。

記得那次我叫的是三色蕎麥麵，配上了一小壺夏天喝的冷酒。蕎麥麵強韌清爽的咬勁和素樸鄉土的口味，立即捕獲了從小也愛吃刀削麵的我，但刀削麵再好吃，卻找不到一處像「一茶庵」這樣素淨淡雅的食室，眞佩服日本人懂得爲美食

難忘的炸天婦羅屋

佈置一個膜拜的居所，讓蕎麥麵成了聖餐。

另外一家印象深刻的是位於淺草的「駒形泥鰍」，和蕎麥屋的僧氣不同，這裏充滿了庶民風，大通鋪的和式榻榻米間上，坐滿了會大聲吆喝的東京下町人，開心地吃著這裏著名的泥鰍小火鍋，泥鰍是戰後貧窮年代關東下里巴人補充蛋白質的美食，等日本人變富有後，許多人還是懷念來自田野泥鰍的強烈土腥味，彷彿大地母親的氣息。我流著汗吃著滑溜柔嫩的泥鰍，想起了幼年時來我家幫忙的陶媽媽做的泥鰍鑽豆腐，還有我和鄰居男孩在北投田壢間赤腳捉泥鰍的童年時光，之後許久不曾再吃過泥鰍的我，卻在東京一溫兒時情景。

蕎麥、泥鰍都崇尚粗吃，那一次在東京我卻見識了細吃天婦羅的功夫，去的是池波正太郎也提到的銀座「近藤」，這裏的天婦羅炸的全是伊勢老蝦、鮮干貝、白身魚、蠶豆、蘆筍、百合根之類細緻極了的食材，最特別的是在炸天婦羅檯上那一鍋看起來清澄無比的炸油，完全沒有炸物的油腥色味，師傅慢慢地把食材浸入一百八十度的高溫油中，再小心翼翼地撈起，遞給吧台前耐心等候的客人，這樣的天婦羅最晚要在三分鐘吃完，才吃得出最鮮嫩飽滿的滋味。

年紀漸長，最好的就是回憶的事多了，從前年少在東京尋訪美食，再老的舖當時都是新鮮事，但歲月悠悠，這些東京老舖如今卻也成爲我生命中的老舖，竟然也跟著池波正太郎一起懷舊起來，懷念的當然不只是這些店、這些食，還有當時一起的那些人、那些事吧！

美味生活

冬天的回鍋湯

近日天氣變冷，慢慢地有冬天的味道了。又到了我在爐上燉一鍋冬天的湯的時候了。

最常在爐上燉的，是義大利托斯卡尼地區人最喜歡的Ribolita，意思是回鍋湯，主要就是用冬天盛產的各式蔬菜雜煮而成的蔬菜湯，最常用的就是紅蘿蔔、洋蔥、芹菜、大蔥、馬鈴薯、大蒜、蕃茄、白菜豆、萵苣、節瓜等等，這些菜大都在冬日盛產，尤其是根莖類蔬菜，冬日特別甜，只有蕃茄，北義冬天缺貨，因此一般人多用罐頭的水煮蕃茄取代，但在台灣或其他亞熱帶地區，買得到新鮮蕃茄時還是用鮮貨滋味較好。

這式雜煮蔬菜湯，愈煮愈好吃，因此，義大利媽媽在冬天的廚房裏常常放上這麼一鍋，每天回鍋煮，喝上一個星期都不膩，而且義大利相信冬天是調理身體的重要時節，多吃蔬菜，有助於身體的新陳代謝。

典型的托斯卡尼蔬菜湯，起鍋才加一些鹽，白胡椒（這點很特別，托斯卡尼人可能受阿拉伯人影響，因此像中國北方人一樣喜歡白胡椒，而非西歐人愛用的黑胡椒），最後再加上最好是當季秋末剛搾好的精純橄欖油，然後掰幾小塊隔夜發硬的托斯卡尼農夫麵包混在湯裏一塊吃，最後再灑上托斯卡尼人愛死了的現磨的帕瑪森起司。

第一次「吃」而不是「喝」這式蔬菜湯時，我有點不習慣，因爲湯很少，完全不像中國廣佬煲湯以湯水爲主，吃料爲輔，義大利人的蔬菜湯要做得道地，得湯匙放在湯中央都不會倒下來，可見得湯料有多厚實，因此，這回鍋湯其實是托斯卡尼人的一道主菜，而不只是附

帶的湯。

但和義大利人熟了後，才知道他們也喝回鍋湯的湯的，但不是在飯桌上喝，而是在廚房中喝，由於冬日裏回鍋湯一直燉著，回家的人覺得手腳冰冷，又有一點餓時，就去火爐上盛一碗湯呼嚕喝起來，這樣東喝西喝，怪不得上菜時湯永遠比料少。

除了蔬菜回鍋湯，冬天裏我也常燉爸爸小時候常煮的羅宋湯，其實料和回鍋湯差不多，只不過多了高麗菜和牛肉（義大利人用白菜豆的植物性蛋白取代），喝時不加橄欖油。記憶中，這鍋羅宋湯常常在冬天出現在北投家的廚房中，天氣冷時常常放在廚房中一天喝上六、七碗，也是以喝湯爲主，喝下去身體暖呼呼的，再跑出去吹寒風玩，就不怕了。

有一年冬天在西班牙北方旅行，在塞哥維亞山城喝到了當地的冬

義大利老媽媽的魔法蔬菜湯

日農民湯，蔬菜放的也是高麗菜、馬鈴薯、洋蔥、紅蘿蔔、大蔥，其他則放很像上海人的醃篤鮮湯的陳年火腿和家鄉肉似的一塊老、一塊新的醃火腿肉，再加上一段血腸。煮這道湯用的是大陶鍋，也像砂鍋一樣有個氣孔，好喝的湯要用慢火燉足六個小時，而且這道湯也適合一煮再煮，滋味更濃郁。

回到了馬德里，和當地友人瑞美談起，她才說這道湯是馬德里人心目中的媽媽的湯，凡是北方來的人都從小喝這道湯長大，而馬德里還有一家開了上百年的老店，就以賣這道湯出名。

後來我又去了這家位於馬德里老區，從一進門就看到好幾個傳統柴火爐上擺著噴著氣的陶鍋，空氣中瀰漫著香濃的，彷彿老家廚房傳來的味道。這些冬天的回鍋湯，帶來的不只是身體的暖和，還有心靈的溫暖啊！

想喝一杯好咖啡

每天早上，都會想喝一杯好咖啡。倒未必一定要配上西式的吐司奄列之類的，有時在上海，早餐吃過豐裕的生煎，或在臺北，吃完天母士東市場二樓的米粉湯黑白切，都還是忍不住四處尋覓一杯好咖啡。

清晨若能遇上一杯好咖啡，眞是十分幸福的事。有一回在義大利北方的小城帕多瓦，逛完有名的傳統市集，吃過了當地著名的各式小三明治後，來到市中心一家被喻爲義大利最好的咖啡店，看著老練沉穩的中年侍者，用高壓蒸汽機打出一杯柔細又稠厚，有奶

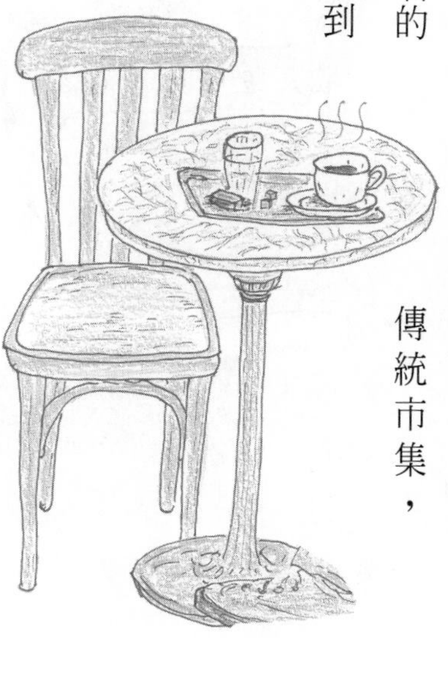

泡白帽的Espresso，站在百年的櫃台旁，用一分鐘的速度細細品嚐這杯黑聖禮，當下的滿足感有如虔誠教徒剛做完清晨的彌撒。

在東京旅行時，最喜歡往一些住宅區的巷裏鑽，專找那種夫婦或朋友二人開的小咖啡館，客人都不多，大抵是那一帶的熟客，上班或買菜前叫一份日式morning"gu"（發音莫寧古），老闆一邊像朋友般和客人聊著家常事，一邊細心地用日式的戚風玻璃蒸餾器煮出一杯口味細膩深沉的日式原豆咖啡，慢慢地喝下這杯

在清晨微光中看報喝咖啡的老人。

來自大地的水和咖啡豆神祕交集而成的聖水，安撫了都市人焦慮又孤寂的心。

到了紐約，當然是喝那種淡而雋永的美式咖啡，煮好喝的美式咖啡也有訣竅，除了要用上等的阿拉比烘培原豆外，煮出的咖啡絕不能擱置超過三分鐘，最好是在一分鐘內喝，而且咖啡的熱度要夠燙，而咖啡的滋味要夠淡而仍有餘味。

因此，要選家生意夠好的紐約咖啡室，像哥倫比亞大學附近的匈牙利咖啡小店，中年豐滿的女侍永遠拿著剛煮成的美式咖啡爲你續杯，一上午看完一份紐約時報，大概也如巴爾札克般喝完了六杯咖啡，眞是咖啡因的耽溺。

最令我懷念的清晨喝咖啡的地方是維也納，在老街狹窄的圓石街道中的百年咖啡店中，叫上一杯維也納咖啡（Melange），看著隔桌一個孤單但精神的老人，喝完了咖啡後，滿意地拿起報紙讀著世界大事，有了清晨這麼一杯好咖啡，人生也不那麼寂寞了。我們都需要一些比我們更老的咖啡店，再跟著我們一起逐漸老去，但咖啡的滋味卻永保新鮮。

在不同城市的清晨，想喝一杯好咖啡，是旅人起床最美好的原因，而喝咖啡有許多方式，不管是義式、日式、美式，都是純粹最好，現代人，愈來愈難純粹了，當然更要喝一杯純粹的好咖啡來補償人世了。

一個人吃小料理

有的黃昏，一個人走在都市下班的人潮中，會突然有種寂寥之感，這時反而不想約什麼人吃晚飯，只想一個人好好清靜一下，找一個小館子，享受一下獨食之樂。

獨食之樂，在於能全心全意進入飲食的化境，沒有旁人的言語奪去品嚐的心思，在有點孤獨的心境中，分享自己和食物的對話。

這時的我，最喜歡找一家乾淨明亮的日式小館，專門叫一些小料理，叫時可以十分即興，完全不必管日式套餐從漬物、蒸物、揚物、炸物等等的一套規矩，隨性叫一些自己當時正想吃的東西。

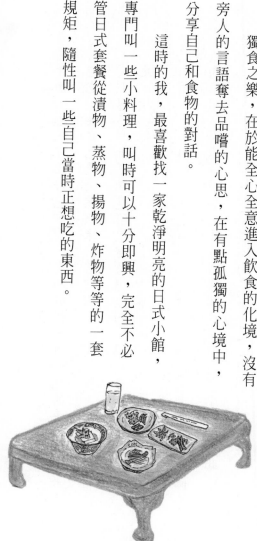

享受食物，想吃可比好吃重要，有的時候，再好吃的東西，如果不是當時想吃，其實也是索然無味，常常和一群人共食，大家分別叫些食物，是不容易遇上通通是自己當時想吃的，但共食是成全人情之樂，未必是食物之樂。

自己一個人吃小料理，完全可以心口合一，爲什麼要叫小盅小砵小碟小皿的菜呢？因爲分量少，才可以盡興吃，但可別小看了這些小小的菜，日本人叫之「物心菜」，很美的名字，是心與物合一的菜。

那一天，我從臺北敦南誠品演講出來，一個人走到了附近巷中的新臺北居酒屋，一個人據了張小桌，叫了一盅冷清酒，叫了一份醃漬海藻拌冷筍，現在是筍的季節，臺北觀音山產的筍最甜美，在酸酸的和風醬汁中浸著海潮味、脆脆的紫色藻絲合吃，馬上讓都市煩囂的黃昏清涼起來，接著叫了一份酒漬甜醬油風螺，一小顆飽滿多汁、微苦的螺肉在口中細細咀嚼，享受舌與齒廝磨之趣，接著想換個清淡口味，叫來一份手工有機豆腐，吃那綿密清純芳香的豆味，然後突然想吃山藥鮪魚，目前東港的黑鮪魚已上市，和白色的山藥泥撞打在一塊，滿

在料亭中安靜地獨食的女人

口黏乎纏綿。

這時酒盅已空，又叫了一盅，想來點特別的菜下酒，看著當日菜單叫了一份冷黃瓜條上盛著粗味噌，黃瓜生脆、味噌老熟，如同少年老年兩番心情。

一個人吃小料理，是吃到哪裏算哪裡的隨意，但心可是緊緊跟隨，完全知道自己想吃什麼正在吃什麼，小料理化成了天地之間的聖餐，吃做小料理師傅的心思，也吃獨食者的專心。這種樂趣，比諸去吃飯店自助餐，一桌現成食物，只會亂了心思，常常東湊西拼，混成了一盤雜燴，眞好吃嗎？

冬日吃蘿蔔

冬天是吃蘿蔔的好季節，小的時候，每到天氣轉涼，爸爸總是會做幾味蘿蔔菜，像把白蘿蔔先切成薄片，再切成細絲，加了香油、醬油、醋微拌，再攙一些青蒜絲，就成了冬日極好的開胃菜。

爸爸也喜歡用白蘿蔔燒牛腩，大家都喜歡先吃燒得極入味的蘿蔔，反而牛腩會剩下一大堆，尤其紅燒後的白蘿蔔最受歡迎，用來送白飯眞好吃。

還有白蘿蔔煮排骨湯，也是冬日的美味，寒冷的黃昏，捧著一碗撒了些芫荽的白蘿蔔湯，滋味鮮美極了。

我們小孩總說白蘿蔔好吃，爸爸卻總是說他小時候在老家蘇北，吃一種水蘿蔔，又嫩又甜，好像梨子一樣。爸爸的話，我並未全信，總覺得他思鄉心切，一定有些誇大。但幾年前冬天在上海，在菜市場看到有人掛著牌子賣蘇北白蘿蔔，買來生吃，果然又脆又甜又多汁，眞是不輸天津水梨。

韓國人也很會吃蘿蔔，冬天醃一大缸蘿蔔金漬，可以吃一整年頭，但最好吃的還是寒冬裏現醃現切的辣味蘿蔔，有一年在韓國古都慶州，住當地有大火炕的民宿，早餐就是民宿主人剛醃好的辣白蘿蔔，又辣又香又爽口，忍不住多吃了一碗白飯。

西方人冬天也懂得吃蘿蔔，最難忘有一年二

充滿大地元氣的各色蘿蔔

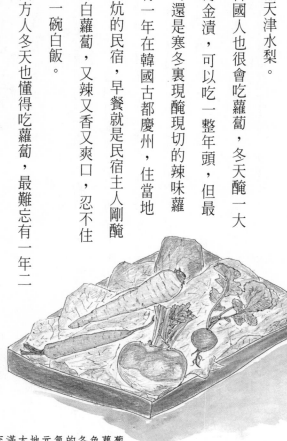

月隆冬，在法國的羅亞爾河谷地旅行，有一天在布洛瓦小鎮過夜，晚上在小鎮四處找吃時，看到一處民家開的小小的個體戶式的餐室，只有三張桌子，當晚我吃到了法國農家菜中極平常，但在餐館卻不容易吃到的生蘿蔔拌法國醬，不過是當季的鮮嫩蘿蔔切成細片，澆上油戎芥末醬、油、醋、蜂蜜拌成的醬汁，這道偶遇的家常蘿蔔滋味，比起我在米其林三星餐廳吃過的許多大菜，更常讓我思念不已。

英國人冬天裏常吃一種叫蕪菁的青蘿蔔，和羊腩一起慢火燉，吃來竟然和廣東人的蘿蔔羊腩煲有些相似，有一次我用蕪菁切細絲，做成了廣東人的蘿蔔絲餅，請英國友人吃，他們大爲讚賞，紛紛跟我要食譜。

有一年冬天去波蘭的古城克拉考玩，住在友人亞麗桑卓家，她有一回買了一些紅色的櫻桃蘿蔔（台灣如今也有賣），稍微洗洗後就沾著溶化的奶油吃，再配上在冰箱凍過的伏特加竟然十分好吃，我回台北後，偶爾在家吃奶油小紅蘿蔔，都會想起亞麗桑卓。

日本人是北方民族，也很愛吃蘿蔔，他們取名爲大根，有一道大根煮，把白蘿蔔、蒟蒻和味噌同煮，很適合冬天在居酒屋喝燒耐時當下酒小菜。日本人認爲冬天吃蘿蔔可以補元氣，是因爲有秋收冬藏這種觀念，認爲大地的天氣在冬天都藏在土裏，而蘿蔔吸收的正是大地的冬日精華啊！

老式鄉村廚房的原味

朋友住到了鄉間去，邀我們去度周末，我們早聽說朋友蓋了一間老式的鄉村廚房，除了瓦斯爐外，還特設了一間燒柴火的，煮出的飯特別好吃，還有鍋巴香。

身邊的朋友，這幾年陸陸續續有不少人都開始重尋鄉村生活的樂趣，有人利用周休，在郊外租了個市民農園，用有機的方式種菜，種出來的菜特別的甜，有人索性租了個農舍，平常在都市上班，假日就去當農夫農婦。

也有朋友看破都市紅塵，真的舉家搬到合歡山上、南庄、宜蘭農村、澎湖小島，過起陶淵明的不爲五斗米折腰的生活，在悠然望南山的情境下做自由譯者、作家、雕刻家、陶藝師等等。

這幫回歸自然的友朋，都年過三十五歲，可能人過了這個年齡後，特別容易聽到自然的呼喚，有人說這是青春燃盡的現象，像我也是年過三十五後，許多童年在新北投小鎮過的鄉間生活，像稻田中抓泥鰍、爬樹摘芒果、蓮霧、半山上挖地洞烤番薯……這些回憶都成爲心底顫動的青春鄉愁。

來到了朋友家中，我站在他們自墾的菜園，在絲瓜架、空心菜圃、蕃茄樹籬、九層塔草叢之間，看到了童年常見的紅頭綠蜻蜓飛來飛去，菜園中所有的植物在陽光下充滿了生命的姿態。

當天晚上，我們用自家種厚實綿密的絲瓜加太白粉煎成潮州人的絲瓜絡吃，自己種的蒜頭及辣椒爆空心菜，吃來爽脆鮮口，炒了一盤九層塔混著土雞下的蛋，再清蒸了一條朋友先生在野溪中釣來的河鱒。

飯後的水果是生切自家種的蕃茄，照著朋友老家臺南人的吃法，

有一隻貓的鄉村廚房

沾著醬油膏、薑汁、砂糖吃，蕃茄帶著強勁的野味，又生脆又野香撲鼻。

夜裏，我們坐在戶外，天上繁星點點、地上螢火閃閃，朋友用煮完飯的柴薪燜了一鍋生薑煮地瓜湯當宵夜，爲我們驅散早春的寒意。

這頓鄉間的晚餐，飽的不只是軀體，而是心靈的鄉愁。我們多久沒能吃到富有土地力的食物了，我們需要愈來愈好的餐盤、廚藝、食材、裝潢……只是因爲我們愈來愈吃不到食物該從自然來的滋味，喪失了食物原味的我們，其實也喪失了生命的原味。

心中的一碗麵

有一回聽琉璃工坊的張毅說起，某年他坐了十幾個小時的長途飛機抵達紐約，下榻中城的旅館時夜已深了，但他卻強烈地想吃一碗麵，向旅館的人打聽，得知聯合國大樓附近有一家夜宵店，他立即拉著楊惠珊尋麵去，但計程車司機東找西找，卻總找不到，他們索性下了車，在二月寒冬的風雪夜中大街小巷找那家麵店，折騰了近兩小時，總算找到了，也吃到了那碗何苦來哉的一碗麵。

至於味道如何呢？其實是不盡如意，但常說自已一生特爲吃執著的張毅卻也心滿意足了，因爲他吃的不只是那家麵店的一碗麵，而是他心中的那一碗麵。

這樣的心情，我很有同感，我也是嗜麵一族，雖然平生吃過無數美味，但若只能挑一味，恐怕我也會選一碗麵，吃法可以十分簡單，就如同福州傻瓜麵般，只要小撮豬油、醬油、麻油、醋、蔥花拌上略硬的光麵，予願足矣。

四川的擔擔麵，也是我的摯愛，早年居臺北東門町時，早晚略有饑意時，最喜歡上臨沂街口的老鄧叫一碗擔擔麵，麻醬香裏攙和著花椒香，一小碗麵濃濕正好，味道入麵七分，麵吃完時，醬汁亦恰恰收乾。

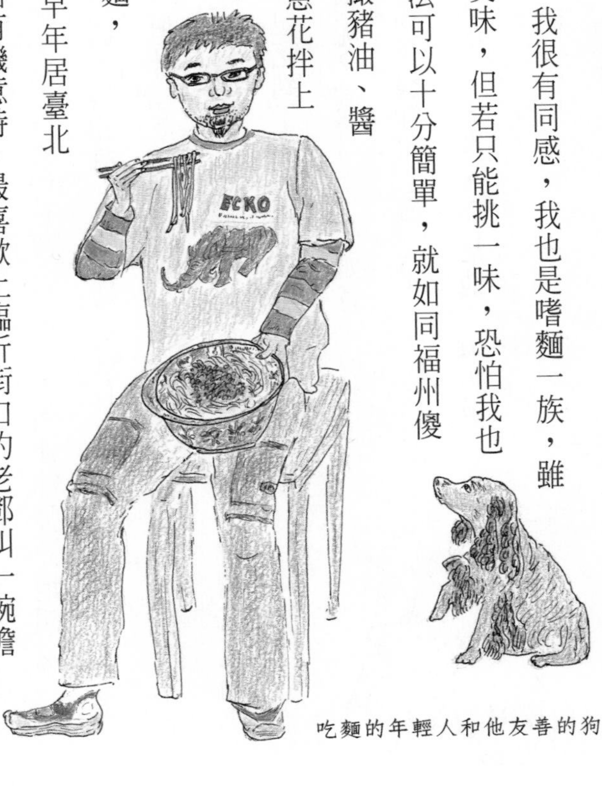

吃麵的年輕人和他友善的狗

牛肉麵亦是臺北美食一絕，從小到大，光在臺北一地吃過的牛肉麵館少說也有兩、三百家以上了，有的以湯頭見工夫，有的是牛肉滷得好，常覺得牛肉麵的好吃，貴在簡單，幾片肉、一些湯、一合麵，卻總百吃不厭，許多名菜，上一頓吃了，下一頓絕不會想再吃，但一碗牛肉麵，卻可以中午吃過了晚上再吃。

有些老店的老式切仔麵也令人著迷，有時我會專程去淡水一家小小的「阿娥」，她的油麵很有勁，肉湯鮮而清，紅蔥頭香脆、薄肉片滋美，一碗麵味道細膩又雋永。

好吃的一碗麵，都是看似簡單，但並不易遇到，因爲食材簡單，反而更見做工的心思，這心思難就難在肯在小處花功夫，例如下麵的水要夠燙、時間要拿捏得準，湯頭、醬料都要細心調製，這樣認眞的態度，不過是成就了：「不過是一碗麵嘛！」賣也賣不出大價錢，所以說，好吃的一碗麵難尋，好吃的鮑魚卻不難找，因爲肯在後者下功夫者多，肯對一碗麵用心思者稀。

最近看雍正王朝，對於御膳房所做的山珍海味並無嚮往，反而是養心殿宮女喬引娣做的那一碗山西「片而川」令我心動，也就是一碗麵吧！但卻讓一向食不知味的雍正皇帝吃得心滿意足。

再也不敢天天吃大菜

這一陣子，不少旅行社推出美食團的旅遊路線，對此類行程，我有十分慘痛的經驗。

我的旅行美食團是自己策畫的，因此怪不得別人，話說去年春天，剛好得空，便與外子決定赴日本走一趟溫泉美食路線。

一路上，我們訂了五間都是十分高檔的溫泉旅館，從箱根到伊東再到修善寺。旅館是包早晚膳的，記得在箱根的那一夜，當全套的會席料理端上榻榻米客房的用膳室時，我們看到全隻的活鮑用微火烤著、全隻的伊勢老龍蝦煮奶油汁，還有嫩煎和牛，再加上當成頭菜的十幾樣奇珍海產的生魚料理等等。

第一晚自然是吃得十分盡興，第二晚在同一旅館，雖然改成了京都式的懷石料理，食材的選用、運用也都有別於前日，菜肴也十分精緻、美味，但胃口卻不如第一夜那麼興奮了。

再好吃的溫泉料理，天天吃，還不如兩片烤土司

第三晚到了伊東，晚上吃的是旅館有名的潮味全席，又見龍蝦、鮑魚、海膽、象拔蚌、大毛蟹、活干貝、生鮭魚子等等，每一樣單獨來說，都是我愛吃極了的東西，但美味通通放在一塊時，又是第三晚的高潮，唉！那一餐，讓我了解了有的男人在美女當前時的力不從心之感了。

第四天的下午，我和外子在伊東遊覽後，到了一家小咖啡館，喝了咖啡後，看別人在吃烤厚片土司，雖然快到了吃晚飯的時間，但我們兩個誰都不想回旅館去吃豪華大餐了，尤其想到那些珍貴的食材，更是覺得索然無味，當下我們決定一人叫一份厚土司抹奶油，而兩個人吃得津津有味，有種味覺的滿足感。

那一天晚上，我們放棄了旅館昂貴的日式會席，改成在伊東小巷中吃拉麵。

從那一次之後，我就明瞭了，老吃御膳房的山珍海味席的皇帝有多可憐，吃東西如交響樂也如戲劇，怎能永遠是高潮！沒有平常小菜，只有豪華大菜是會倒胃口的。

從這一回爲美食自作自受後，我再也不敢天天吃大菜了，其實人生過日子也一樣，只見繁華，不見平淡的生活膩得很，因此過日子最好是常常清粥小菜，偶爾大宴浮華一番，才各得眞味。

隨便黑白切之樂

在歐洲待了兩個多月後回到臺北，當天晚上就忍不住到長春路的「好記擔仔麵」去吃黑白切。

「黑白切」是閩南語，意思就是隨便切一些攤仔上已經現成的東西；這是臺灣大城小鎮最常見的吃食，每一家賣擔仔麵、切仔麵的小攤都會有一些自己的黑白切。

黑白切都是小盤小盤的，像西班牙人在酒館叫的Tapas，道地的Tapas酒館，會有三、四十種Tapas，而好的黑白切小攤，也會有三、四十種花樣。

我帶過西班牙友人去「好記」，我叫了粉肝、鹹水蜆、生腸、燙鵝腸、鯊魚煙、涼筍、炸蚵仔

等等，我們喝著一瓶又一瓶的臺灣尚青啤酒，西班牙友人大呼過癮，最後兩人一致同意，黑白切好吃的程度，絕對勝過Tapas小吃。

黑白切的做法，看似容易，不過是把各種食材或燙、或蒸、或

老式的擔仔麵店和黑白切

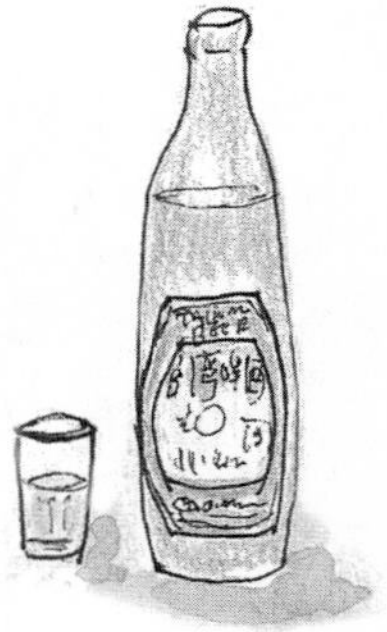

燻、或醃、或炸，但所有的做法都要拿捏住火候的巧妙，所謂剛剛好的熟度，才會造成有的店的粉肝鮮嫩滑潤，有的章魚柔軟卻有勁，有的生腸又脆又爽，有的涼筍清甜細滑，但如果火候拿捏不對，這些食材的原味就無法顯現出來，只會剩下乾澀粗老的滋味。

講究的黑白切，即使只是一小攤，沾料也會有十幾種，沾章魚的五味醬、沾粉肝的蒜味醬油露、沾鵝肉的白醋汁醬油、沾鯊魚煙的醬油芥末、沾涼拌苦瓜的豆瓣醬，每一種食物，都會有對應的沾醬，一點也馬虎不得。

全世界好吃的東西不少，但黑白切最稀奇之事，在於大多販賣於夜市或騎樓下的小攤，這些小攤的食客大多是市井小民，叫一瓶酒，再加幾杯下酒菜，這種路邊吃喝的食物水準，提供的卻是可以滿足老

饕的細膩味覺。

我在法國、西班牙、義大利旅行時，雖然也在不少好餐館中吃過不少美味，卻從來不曾在小攤上吃過任何滿意的東西，那裏路邊賣的都是粗食，不像黑白切，完全是小攤大宴的氣派。

黑白切，也許類似香港的大牌檔，把庶民之味發揮到極致，老闆雖然在路邊討生活，卻認眞追求美味的境界，而最好吃的黑白切或大牌檔的食物，也只能在小攤尋，等進入了大餐廳時，滋味就全變了樣。

有時想，有些人不也是這樣，還是普通人時，有味道極了，但稍微一發達，就會失去本味，變成乏味的人了。

菜市場的滋味

在上海客住的地方離陝西南路的大菜市場很近，因此只要得空，常常去那蹓躂。我一直覺得，喜歡食物的人，除了要愛上餐館外，一定還要會喜歡下廚及逛菜市場，這樣才能兼得看、做、吃三重樂趣。

在陝西南路的大菜市場中，河鮮、海鮮都是活著賣，一大盆一大盆的水缸，裏面養著蘇北的野生鱉、寧波的野生河鰻、東海的野生小黃魚，還有各地湖泊河川中的塘鯉魚、昂刺魚、毛蟹等等，而光是各種螺蚶蛤蜆，大大小小的形狀盛在清水盆中，數數就有十幾種。

雞鴨也是活著賣，白雞冠的土雞、黃嘴啄的野鴨，個個活力十足，熱鬧極了。

這樣的菜市場，讓我想起小時候住新北投時，常和爸爸上舊北投的露天大市場，爸爸用草繩倒提著買回家的雞鴨，有時還會在後院養幾天，而用塑膠袋裝水提著的活魚活蝦活鯉活鰻等等，回家後也常養在廚房的大水缸中吐沙。

菜市場提供的是味覺最原始的慾望，懂得在傳統市場買菜的人，當對食物有更多的想像力，菜市場的食物是人和自然的對話。

瓦倫西亞市場外露天做帕也雅海鮮飯

每年出國旅行，每到一地，一定會去探訪當地的傳統市場，記得在法國西南部波爾多的露天市場前，看到攤上掛著各色野兔野雉，而草籃中也盛放著帶殼的生蠔，再加上堆積如丘的各色起司，看得人都醉了。而在普羅旺斯聖托貝的露天市集中，我買了橄欖、羊奶起司、生火腿、甜瓜、夏南瓜、紅椒、橄欖醬，再加上一瓶普羅旺斯的玫瑰紅酒及手工雜糧麵包，回旅館就是非常美好的一餐了。

在西班牙的瓦倫西亞，看到了市政府改建而成的海鮮市場，漁獲之鮮美豐富，令我恨不得在當地擁有一個廚房，好好做上一頓瓦倫西亞聞名的帕也雅海鮮飯，而在義大利威尼斯的瑞亞托市場，我終於完成心願，買了一大堆魚材回當地義大利朋友家中大煮威尼斯海鮮湯。

在上海，我也有個小廚房，可以讓我照

著爸爸教我做的方式，做起了蔥火靠小鯽魚、冰糖甲魚、鍋燒栗子河鰻，而用著上海當地的食材做上海菜，更覺得和上海的味覺親密起來。

好吃如我，不僅愛上世界各國的餐館，也希望在世界各地，都有個臨時的廚房，可以和當地的食材親熱一番。

納豆和海膽之癮

有些東西，第一次吃就喚起了前世的癮，毫不遲疑地在今生繼續迷戀。

有的偏是旁人視爲異味的，譬如納豆，初嚐是十八年前第一次去日本時，在奈良住民宿，早餐中有這一味奇形怪狀的黃豆，拌和著生雞蛋、黃芥末、醬汁，先打起濃稠冒泡的泥漿，再搗入溫熱的白米飯中，之後再撈一口入嘴，豐郁的滋味在嘴中蔓延，一種奇異的滿足感湧上心頭。

同行的友人，卻是入口差一點要吐出來，勉強吞下去，趕快用茶水漱口，再也不肯吃第二口了。面對兩人如此巨大的味覺差異，眞是「如人吃納豆、香臭自知」。

日本友人對我第一次吃納豆就鍾情，也覺得不可思議，說許多日本小孩，小時候也視大人愛吃的納豆如畏途，都要等長大吃習慣後才慢慢接納了納豆的味道，才逐漸喜歡。

第一次吃的納豆，即是味道濃烈的手前（親手做的）納豆，如同手工臭豆腐般過癮，但後來到日本，在一般餐館，反而不常吃到這種用鄉土風味製造的納豆，常吃到的都是超級市場賣的納豆，味道一點都不來勁，沒有了那股奇異的嗆味。

後來在京都的大德寺，吃到了廟裏本家的納豆，才知道日本人食納豆之風，即起於曾在這裏擔任住持的一休禪師，這位一生行跡張狂、自稱是「非常瘋癲小妖怪」的一休，平生特愛吃納豆，調出的五味納豆，似把一粒芥子見全宇宙之意，轉換成從一粒納豆識天下五味之道。

納豆美味貴在簡單平凡，雋永的滋味天天吃都不會膩，價格更是

平易近人，從苦行僧到富商都吃得起，只是不知何者更能體會納豆之眞味？

納豆配白飯，是食之一絕，另一絕是生海膽配白飯，晶瑩剔透的微熱白米飯上，覆蓋著滿滿的、剛從帶棘的海膽硬殼中現剝下的金黃潤滑飽滿的生海膽，然後拿起筷子快手撂一大口入嘴，那滋味眞是纏綿甜美、香滑溫柔。

但生海膽不比納豆，是食物中的豪門貴族，即使在日本東北的產地，一大碗生海膽白飯，吃來仍然一碗千金，更別說在其他地方吃了，因此要過納豆的癮容易，要滿足海膽的癮頭卻不易。

沒想到有一回到義大利西西里島旅行，才知道那裏也盛產黑棘海膽，當地人較少生吃，大多是烤來吃，烤得溫溫熱熱軟軟鬆鬆，加在義大利麵上吃。只可惜找不到白米飯，平白辜負了當地便宜又美味的生海膽。

對納豆的癮頭，滿足容易，多吃也不會傷身傷財，但對海膽之癮卻最好適可而止，多吃費財，膽固醇也不得了，可見平凡之物比起稀奇之物，反而可以食之長久。

我們在生活中，除了食物，亦有些別的癮頭，每當我想滿足這些癮時，都會自問哪些是納豆之癮？哪些是生海膽之癮？就可以決定哪些可常伴左右，哪些只能偶一爲之了。

往日蟹席

每年到了吃大閘蟹的秋日時分，都會想起小時候第一次吃大閘蟹的情景，那一天，和爸爸媽媽到了圓山飯店附近一個半山別墅的人家，開門的是穿白衣黑褲的上海娘姨，一口上海話地把我們引進了桂花飄落的小徑，我聞著秋夜的桂香，看到院子的樹叢張燈結采，樹下的藤桌藤椅上坐了一些早到的客人，已經在喝桂花酒了。

我們坐下不久，就看著廚師端來大大的竹製蒸籠，裏面裝的全是一隻一隻鮮橘色的熟蟹，在黃昏紫色的餘光中顯得十分妖嬈。主人家拿出了好幾十副吃蟹的工具，於是大人們就邊聊天、邊吃起蟹了。

我那時年紀還小，根本不會吃蟹，和主人家的孩子在院中跑來跑去，偶爾晃到爸爸身邊，被他叫住——來吃點蟹膏吧！爸爸用小銀匙

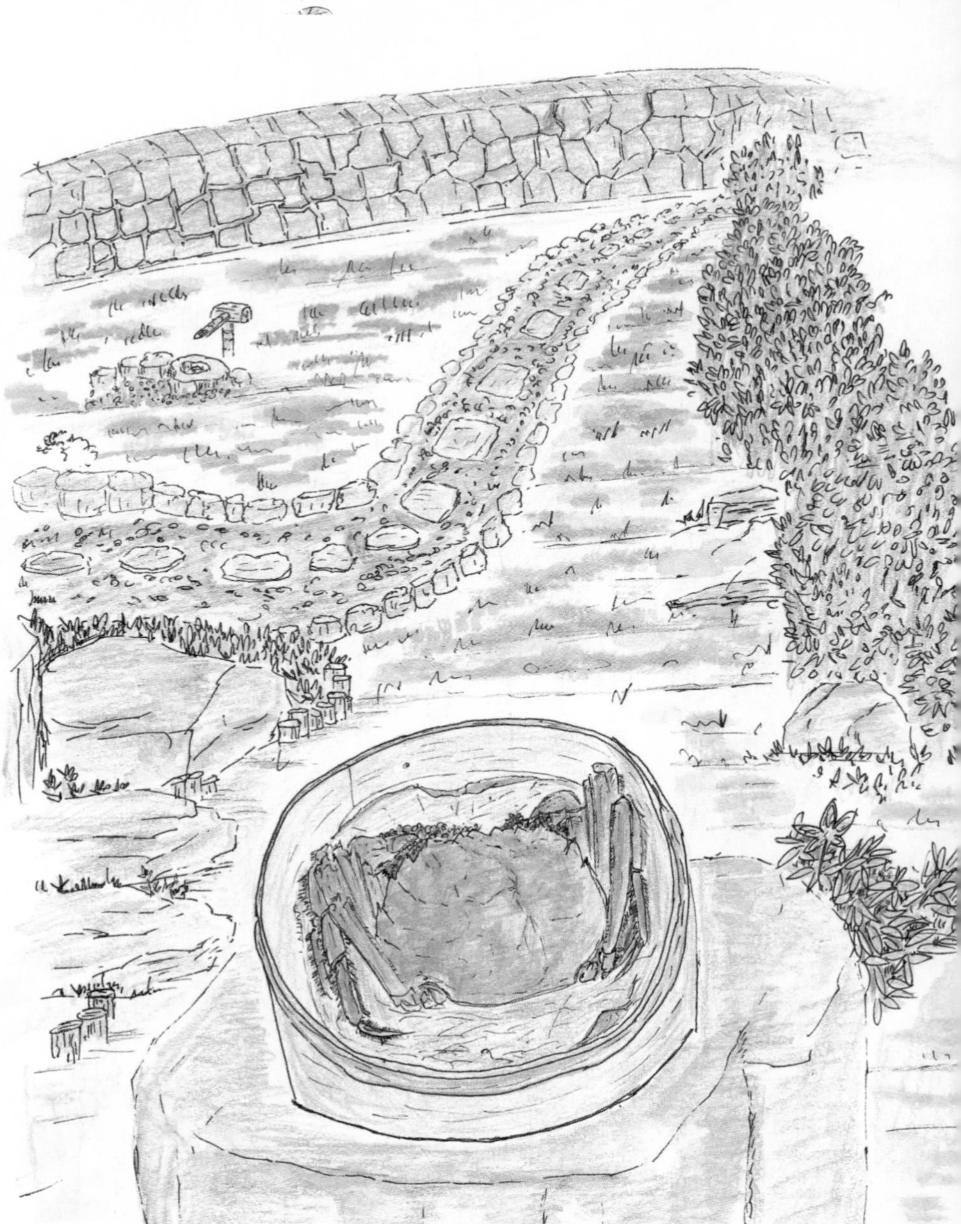

告別的大閘蟹

掏了一口蟹黃放入我口中，我吃到了一種奇怪的鮮香味，入口而化的潤滑在舌尖打轉，這味道很特別，過了一會，我又跑回爸爸身邊，央求還要吃蟹黃，也聽到爸爸身旁的叔叔說這孩子嘴挺刁的，專挑蟹黃吃。

我不知道那晚爸媽這些人總共吃了多少大閘蟹，在小孩子的記憶中，那一天的螃蟹多如流水，一隻又一隻、一籠又一籠地上，當時我也不知道這些大閘蟹是來自陽澄湖的嗎？是從大陸經香港再起義來臺的嗎？而那些大閘蟹要吃掉主人家多少錢呢？我只記得在回家的路上，爸爸跟媽媽說主人今天可花了大錢。

這個花了大錢的上海幫商人，第二年春天就去世了，我後來想

起，就覺得他當初大宴故友吃家鄉的大閘蟹時，是不是已經知道自己要不久人世了，於是決定徹底揮霍一下生命的滋味。

那一次蟹席，也的確在許多人的記憶中留下了長久的畫面，十幾二十年後，我都會聽爸爸及爸爸的朋友談起那天吃大閘蟹的往事，有人算著，那一天會吃的人，一個人可能吃下了十幾隻大閘蟹吧！

而我吃的那一口油滋滋的蟹黃，也讓我從此愛上了大閘蟹，但每次吃大閘蟹，都會憶起童年的那一場蟹席；永遠記得那個主人站在黃昏的微光中，笑著對客人說：「今天我準備了好多家鄉來的大閘蟹，大家就痛快吃個夠吧！」

知道自己回不了家鄉的他，是不是正借著吃蟹來彌補思鄉的滋味呢？而他準備的蟹席，是不是向親朋好友告別的謝席呢？

老夏的香腸

去年冬天過農曆年時，在西班牙西北部一帶旅行，某日在寒風大雪中來到了被喻為中世紀朝聖之路的起點，也是西班牙擊敗伊斯蘭王國的英雄希得的誕生地——Burgos（布爾哥）。

布爾哥是個十分美麗的古城，城中心仍保留著中世紀的大教堂。參觀完壯麗的教堂之後，我查看旅遊手冊，發現教堂旁有一家開了四百多年的老餐館，以賣中世紀以來的鄉土料理出名。

我當然不會錯過這樣的老店，進門去，低矮的樓房完全是中世紀的尺寸，可見當年的人都比現在矮，坐下來看食譜，先叫了兩樣店內馳名的傳統料理，外加一份青菜沙拉。

先來的是湯，原來是大蒜蛋花湯，做法可想而知，用許多的大蒜和豬油一起熬，熬到大蒜心都鬆軟後，打下一顆蛋打成蛋花，再往湯中放一些隔夜的硬麵包。

眞是千里迢迢來此吃這樣一碗小時候常在冬天夜裏喝的蛋花湯，只不過不作興放這麼多大蒜，但這大蒜蛋花湯雖然簡單，但在室外大雪霏霏、冷風徹骨的氣候下，喝了還眞受用，整個身子都暖

在西班牙的餐館想起了騎著腳踏車來送鄉長的夏伯伯

和起來，想著這樣的湯也的確健康，大蒜可以治百病，中世紀人還相信可以遏阻吸血鬼近身呢！

接著第二道菜上桌，是三條煎過的香腸，我切了一口一吃，突然吃到了十分熟悉的味道，這個口味，竟然和每年過年時家中常吃的老夏的香腸一模一樣。

老夏，其實我該叫他一聲夏伯伯，是爸爸早年在高雄認識的朋友，後來爸媽搬來臺北後，老夏每一年在農曆過年前一定會送來一大包他親手做的家鄉香腸。

老夏是江蘇東臺人，我不知他做的香腸是不是眞是家鄉口味，但他的自製香腸的確有一股味道，稍微有些辣，有股鹹鮮味，雖然豬肉中帶不少白色的肥肉，但吃來卻毫不油膩，肉質也特別緊，嚼來很有口感。

我吃過不少年節的香腸，不管是廣式的、湖南的、臺南的，都各有風味，但都沒有老夏的香腸所有的那種簡單純樸又耐吃的滋味，因此每年過年前，我總期待著爸爸收到夏伯伯親自送來的香腸，而他們兩人也可以敘一敘一年的舊。

但幾年前一次年夜飯，我卻發現少了這道香腸，一問之下才知道夏伯伯走了，爸爸又少了一個老友，而有一種獨特的味道也消逝了，老夏再也不能親手做他的香腸了，而和夏伯伯一向不熟的我，如今每逢過年佳節都會忍不住想起他。

眞沒想到，我竟然會在遙遠的異國，一個陌生的古城，吃當地的鄉土料理時，重溫了我

以爲再也吃不到的老夏的香腸的味道，怎麼回事？我立即和餐館的人打聽這道香腸的做法，說來簡單，就是肥瘦豬肉（但當然要有土法養的豬），混合著粗鹽和辣椒粉，再緊緊塞入腸中，之後要掛在冷風中等待自然風乾。

這樣的香腸做法，完全是從中世紀傳來的農民傳統，而西班牙的鄉下和中國的鄉下，是不是不約而同地都想到這樣的做法，還是誰影響了誰？而夏伯伯的配方，關於鹽和辣椒粉和豬肉肥瘦的比例，是不是又偶然地和這家老餐館的配方相似呢？

在異鄉過年，竟然吃到了久違的味道，也想起了老夏的香腸，今年過年當然又吃不到了，但我想夏伯伯如果知道他親手做的香腸一直讓我懷念，他也會高興的，親手做的食物，總是會留下那個人的味道。而我們懷念食物的同時，也懷念著那個人。

別再放味精了吧！

有一回為了趕上周末在臺北之音主持的節目，在濟南路、杭州南路口的一家小店，隨意叫了一碗酸辣乾拌麵及燙高麗菜當遲來的午餐。

我本來是很餓的，應當是任何食物都會覺得可口，更何況是這兩味簡單的食物，但沒想到，兩者都難吃極了。

酸辣麵難吃在用的醋及辣油！不知是什麼爛牌子，有一股可疑的化工味道，醬油味也假假的，讓我一時之間，深深懷念起東門市場的手工醬油了，至於酸與辣，即使是大量生產的工研醋及四川辣油也可以啊！不過當然是加五印醋好些。

燙高麗菜更可怕，這麼簡單的食物，即使高麗菜燙老了也還可忍受，怎麼會來一盤高麗菜上灑了味精和醬油膏呢？

我不反對加一點點的醬油膏（當然寧願不加），但看到灑在上面的味精時，猛一看還以爲是起司粉，灑的分量之多，如同大方的義大利餐館給 parmensen cheese 一樣。

這樣的食物，當然不能吃，我拿掉了沾有醬油膏及味精的高麗菜，試著吃剩下的部分，但那股噁心的味精味已經蔓延開了。只吃了一口的我，呆呆地望著做這兩樣食物的二十多歲男生，心想著，他自己是否也吃過他做的東西呢？

我曾想發起反味精運動，我認爲味精毒害中國人的味覺到可怕的程度，其中最受影響的是臺菜及這幾年深受臺灣人影響的上海菜。

每次我看電視上及雜誌上教做菜，不少廚師都不忘叮嚀加一匙或半匙味精時，都會讓我氣憤起來，怎麼回事？味精怎麼能取代提味的高湯呢？一種是化工味道，一種是自然味道。

更何況使用的分量，竟然是一茶匙或半茶匙，天哪！我記得曾看過發明味素做法的日本人，在教使用味素時，使用的分量要少少如一耳屎。

味精如今是中國菜的公敵，中國菜的美味就這樣毀在味精手中，好吃的麵線及魷魚羹的秘訣就在熬製的高湯，而不是亂加味精。

在此我推薦一家位於敦化南路、信義路口，開了多年的魷魚羹老店，標榜的就是不放味精，這就夠了，在我的廚房中也從不放味精的。

味精是二次世界大戰後貧瘠時代的鮮美高湯取代品，我們已不再活在那樣困苦的年代了，幹嘛還用味精糟蹋自己的味覺。

如果有人問我世界上哪樣事物是我最希望消失的，那就是味精，No MSG please!.

珍珠和奶茶的緣分

我有一個小表弟是ABC（American Born Chinese）；一直住在洛杉磯，有一年他回台北度假，當時珍珠奶茶剛流行，那個夏天，住在天母的他，每天游完泳後一定喝杯珍珠奶茶，在他離開台北返美的前夕，我問他最想帶回美國的是什麼，他說是珍珠奶茶。

還好隔了兩年後，洛杉磯也賣起珍珠奶茶了，雖然價錢是台北的兩倍多，但已經把珍珠奶茶當成懷念的台灣味道的小表弟，每次喝到了那冰涼甜蜜的奶茶，在咬著那Q軟有嚼勁的珍珠時，都會想起台灣的夏天，以及他當年認識的那個外號叫「珍珠」的女孩。

叫珍珠的女孩，不久後也到洛杉磯去念英文了，小表弟給我傳來了e' mail，說道他們相逢的那一天才拿到

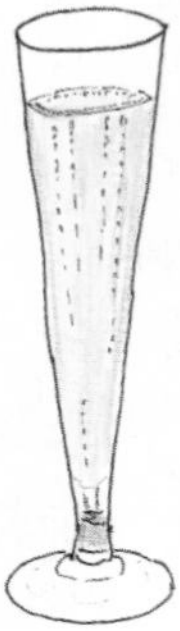

駕照不久的他，開著新車帶著他思慕的少女到Arcadia新開的Mall去喝珍珠奶茶。

珍珠奶茶的滋味，如今更好喝了，因爲裏面還有少男少女初戀的滋味。

珍珠奶茶，本來是兩不相干的東西，珍珠是粉圓，奶茶就是奶茶，只是許多泡沫紅茶口味中的一種。但有一天，有人想到了把這兩樣東西加在一塊，卻有如一對原本互無關係的男女相遇，因著奇妙的緣分，兩人從此你離不開我，我丟不下你，兩人繾綣的滋味，就如同珍珠加進了奶茶之中，雖然你還是你，我還是我，但彼此因爲在一起，卻有了更豐富的味道。

男女相遇，是天天上演的人間緣分，但又是誰想到讓珍珠遇到奶茶呢？這個緣起之地，也巧得是台灣中間之市的台中，台中一直是台灣許多新的飲食方式發源地，有人說那是因爲處在中心位置的台中人，比大比不過台北、高雄，比老比不過台南，那就只能比不一樣囉！而台中人又擅長把別人有的東西拿來變一變，像珍珠，本來是高雄青蛙下蛋中的粉圓，而奶茶又一向是台北西餐廳的東西，台中人把這兩樣東西加在一塊，卻爆出了天雷勾動地火的流行。

如今，台中還有一條茶街，這條跟自由路平行的四維街上有著珍珠奶茶的誕生地：「陽羨茶行」，如今這條街上開滿了泡沫紅茶店，家家都有精采的珍珠奶茶。

珍珠奶茶，從台中一路紅到台北，再紅到香港、深圳、廣州、上海、洛杉磯，凡有台灣人之處，都有珍珠奶茶的傳奇，珍珠和奶茶的緣分沒完沒了，成了天長地久、兩情依依的佳話。

珍珠奶茶長在，但人間緣分卻聚散無常，小表弟和初戀情人分了手，但他依然忘不了珍珠奶茶的滋味，如今他一個人喝著依然冰涼甜蜜的奶茶，咬著那一粒一粒在舌上流轉廝磨的又軟又有勁的珍珠粉圓時，他更懂得了什麼叫留戀的滋味。

還好珍珠和奶茶不會分離，小表弟至少還有心愛的珍珠奶茶可以陪伴他、安慰他。

美味文化

電影中廚房的秘密●愛與死的滋味●法式美食的美國夢●電影中的同志滋味●壓抑與解放的生命滋味●當做菜如做愛一樣時……●選女人還是食物●男人、女人的性與胃口●飲食男女VS.天堂極樂●歡愉的代價●天生嫩骨●我們是我們所吃的東西●味蕾的基因記憶●歐洲吃文化大不同●世界美食的通關證書

電影中廚房的秘密

《BJ單身日記》中，女主角碧姬是一個不會控制體重、也不會處理愛情的人，電影中碧姬情場失意時，便窩在長沙發上亂吃東西，雖然電影中她的冰箱上貼了一張她變苗條的電腦合成照片，而她冰箱中也只剩下一塊發霉的起司了，但她卻大口大口地吃著炸薯片，這樣的她，是不可能達成她想變瘦好吸引男人的心願的。

然而這部電影不是關於現實，而是關於Fantasy，這是一部寂寞的現代都會女子的愛情童話，關於一個有不少缺點的女人，卻被一個夢幻騎士看上，這個由英國古典小說《傲慢與偏見》借來的夢中情人達西，完全是對女主角情人眼裏出西施的傢伙。

電影中最有趣的一場戲是達西和碧姬在廚房中，這位完全不善烹調的碧姬，可以在煮蘆筍湯時，放進有藍染料的繩子，煮出了一鍋完全引不起食慾的藍湯，男主角還問女主角，她何時看過藍色的食物（吃的東西不能是藍色的，但奇怪的是人們卻接受像藍色大海的雞尾酒），而她的綠花葉泥也煮成像奇怪的草泥，橘子醬也煮成像恐怖的分泌物，但這個完全不服膺要抓住男人的心要先抓住她的胃的碧姬，卻仍有好心的達西替她收拾善後，並且願意和她一起吃這一頓荒唐而可怕的晚餐，達西的愛不只是盲目的，他的味覺也一定異乎常人。

《BJ單身日記》是現代女性的夢幻宣言，女人不必爲悅己者容，也不必懂得下廚做羹湯，只要順著本性，即使滑稽、荒謬，都會有白馬王子愛上你的，眞好。

比較起來吉本芭娜娜的原著，森田方光導演的日本電影《廚房的祕密》，女主角的形象則優秀多了（但也許很多女人做不到）。《廚房的祕密》中失去了祖母的女主角，在孤獨情傷之餘，卻從烹飪中重拾她對生活的愛，而懂得細心烹飪一碗清晨的什錦拉麵的她，也帶給了讓她寄宿的人妖媽媽無比的溫暖，這個人妖媽媽有著無比專業及豪華的現代廚房，但卻是個根本不會下廚的人。

《廚房的秘密》說的是一座空蕩蕩、無人使用的廚房就像一顆寂寞荒蕪的心，沒有人愛也不懂得愛人。

墨西哥電影《巧克力情人》中，廚房也成了隱藏女主角愛情的地方，這位因母親反對而無法嫁給意中人的三女兒，眼睜睜看著也愛她的人爲了親近她而娶了她的姊姊，兩個人無法在床上表達彼此的情愛，只好在餐桌上用味覺來談情說愛。

女主角在爲心愛的人的婚禮準備喜宴時，在廚房中流下悲傷的眼淚的她，把淚水揉進巧克力麵糰之中，而吃到她的食物的客人，每個人都感染到她的悲哀而大聲痛哭起來，但當女主角在廚房中思念她的愛人時，她將想念的激情溶入了墨西哥巧克力醬燉鴿中，而她的愛人在吃這道菜時，也全身戰慄起來，女人的激情透過食物成爲調情的電流。

《巧克力情人》中，廚房是施展愛情魔法的地方，懂得廚房秘密的女人，最終將贏得男人的芳心。

愛與死的滋味

愛人說，我要把你呑掉。

是情慾通向口腹之慾嗎？難道我們的基因中還隱藏著食人族祖先的慾望，不管是昇華的愛或耽溺的性，我們尋找另一個身體，就像食人族般尋找肉體，差別在於有人在火上烤來吃，而我們是高尚的野蠻人，我們換成在床上吃掉對方。

我們的吃，既緩慢又象徵，有人吃一夜情，有人吃兩三年，有人發誓可以吃一輩子，即使對方的肉老皮衰。

在大島渚的電影《感官世界》中，我們看到了男人女人的肉體，變成世上最貪婪的美食盛宴，情人永不饜止的情慾，化成了一口又一口的撕嚙咬吸，性交的儀式成了食人族的祭典，最後女人呑下男人神聖的陽具，當然是祭典的高潮。

性慾的極致，取代了口腹之慾，因此不需要平日的吃喝拉撒。有人說，性慾超強的人，很少是好吃的人，因爲他們的口腔直通性器，在《感官世界》中，日常吃喝不重要，「性」就是美食。

然而，性慾及食人的慾望也可能壓抑、轉移成華麗的口腹之慾，在《愛你九週半》中，食物成了挑逗、遊戲、性慾的道具，用唇舌的刺激來暫延、壓抑性的高潮，這裏的口腹之慾是爲了通向情慾。

在《教父》之中，有嗜殺（食人）慾者都好食，在每一場屠殺的儀式之前，都會有美食的祭典，如同野蠻民族用活牲祭天地。

《廚師、大盜、他的太太和她的情人》，是盎格魯撒克遜民族謀殺性和食物的範例，爲什麼這麼說呢？因爲有人說過英國人發明了熱水袋來取代性交，又創造了餐桌禮儀來扼殺胃口，彼得格林威的電影瘋狂而冷靜地處理嗜殺和嗜慾者的關聯，這部電影可當成節食者的教材，可用來反胃催吐。這部電影再加上英國作家蘭開斯特的《歡愉的代價》，可見美食在英國的地位多麼可疑。

《巧克力情人》卻是南美拉丁種族對食物的頌歌，口腹之慾在此昇華成愛和美的禮讚，在社會及家庭的禮教約束下，情人只能將情慾的渴望轉化成爲對巧克力的耽溺，巧克力在此，成爲情人進入想像的情慾國度的鑰匙，正如古老的馬雅傳說中所云，馬雅貴族王國死後會在口中含著巧克力片，好讓他們在死後世界復活，在《巧克力情人》中，巧克力也成爲情人永不死亡的情慾的象徵。

法國人稱呼性高潮爲「小死亡」，而人們享受食物的高潮也必須經由食材的犧牲。情慾和口腹之欲的滿足與歡愉，都必須建立在某些事物的象徵性或實質性的死亡之中。

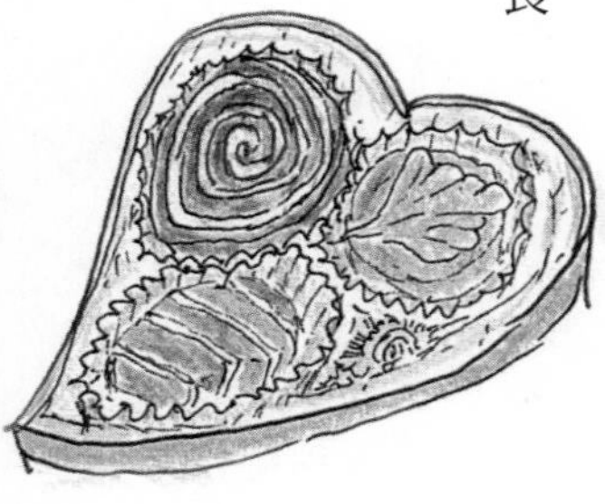

不管是情欲或口腹之欲的生生死死，都是把自己交出去，交給慾望與滿足的緣起緣滅，都是生與死的輪迴，唯有愛是唯一能超越輪迴的能量。所有的情欲與口腹之欲的死亡，都是通向愛的領悟。愛與死的滋味是生命的滋味啊。

法式美食的美國夢

喜愛美食又愛看電影的朋友，一定會喜歡看《美國料理》（American Cusine），片名 American Cusine其實是雙關語，American是英語，意思可以是美國人，也可以是美國式，Cusine是法文，意思是烹飪，但也可以當成法國菜的象徵，因此American Cusine的意思就豐富了，絕不是美國菜，但可能是美國人做的法國菜，美國人對法國烹飪的想法，美國式的法國菜或美國式的法國烹飪等等……

電影一開始，我們就看到在海軍服役六個月的廚師科林斯在爲將軍準備晚宴時，設計一套十分具有法國風味的大餐，但老粗的海軍同僚卻不領情，只笑話他做的菜是給紐約市芭蕾舞者吃的菜（意思其實

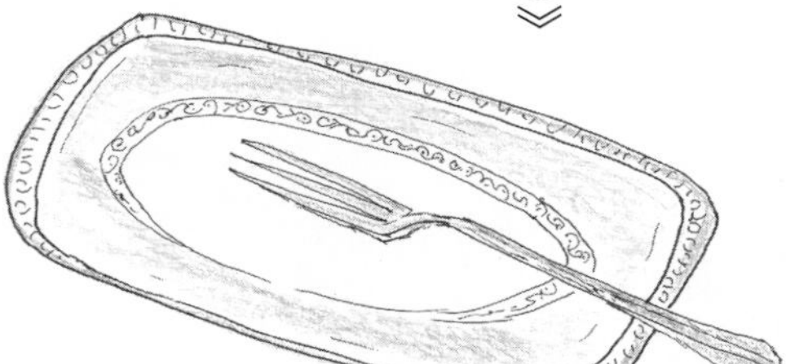

是諷刺科林斯是不是有同性戀的情結），對方還嚷著科林斯不會做給大男人吃的real food，也顯示了不懂美食者的心胸偏狹，最後科林斯在對方不斷的挑釁下起了衝突而被勒令自海軍除役。

讓科林斯惹禍的甜點烤桃子，是我在家中也常作的甜食，先把加州桃去皮，再用冰糖燉煮後放入烤箱中烤，上盤時裝在覆盆子醬料中，再盛一粒香草冰淇淋，上面灑著碎檸檬、野草莓、鮮薄荷葉。

離開海軍的科林斯，在貴人介紹下，去法國的美食名城迪戎，拜師他崇拜已久的法國大廚波耶，沒想到波耶雖是個名滿天下的大廚，但個性卻糟透了，在千辛萬苦的磨練之下，科林斯才逐漸取得波耶的信任。

電影的背景，有非常多的場面都發生在波耶的三星級餐廳的廚房中，對於喜歡法國美食的人，這部電影無疑是部十分有趣的烹飪教材片。

像波耶和科林斯意外同坐在一起看完美式籃球後，因球賽而化解心結。波耶請科林斯吃宵夜，他就開了一瓶被喻爲法國最好的香檳Dom Perignon，同時也作了一份松露炒蛋配法式蔬菜沙拉，光看這一場面，包準讓不少老饕看得都呑口水了。

但是科林斯進入廚房中，才知道要維持三星級的榮譽會帶給這位廚房工作者多大的壓力，波耶是主廚，並不用親手料理食物，但卻要檢查每一盤出品的水準，因此他要求科林斯煎四分熟的小牛腰肉，煎成了七分，一定得丟掉重做，而原本做好要一起上同桌的其他三道沒出問題的主菜也必須一起扔掉重做，原因是三星級的餐館上菜時同桌的客人要同時上。

在電影中，我們看到挑剔的美食評鑑家，會在餐館外不留情的批評，波耶因壓力過大而精神崩潰，波耶把自己關在鮮魚冷凍房中，負責接待客人的波耶的女兒嘉貝兒只好和客人鬥法，對不挑剔的客人則建議對方不要點魚，轉點和免費贈送的紅酒較相配的肉，但碰上專找麻煩的餐館評論家則反其道而行，故意強力推薦對方點魚，引起對方的懷疑（是不是肉不對勁），轉而點肉。

電影中有不少令人垂涎三尺的美食，如松露煎小胰臟、煎鮮干貝、鰈魚、魚子醬、生海膽、生蠔、鵝肝、無花果鴿肉等等，這些美食都要在幾乎如打仗般的廚房中做出來，再送入幽雅安靜的餐廳中食用，看這部電

醉人的烤桃子

影，讓人明白當客人是多幸福之事，但當廚師卻非常命苦，就像主廚波耶所說「他必須一天迷惑客人兩次，一年要三百六十五次」，難怪做了二十年大廚工作的他最後會崩潰，也難怪有的主廚會因爲被米其林餐館評鑑人員降了一顆星而自殺。

但最終這部電影還是歌頌美食的，只有對美食的熱情召喚的人才會投身餐飲業，但熱情不只讓科林斯做出了令人讚不絕口的酸奶油龍蝦義大利餃，還讓他贏得老闆女兒嘉貝兒的芳心，懂得調味的男人，的確對調情也有一套。

電影終歸是法國菜的美國夢，有了信心的科林斯，最後做美式漢堡一樣贏得讚賞。

電影中的同志滋味

最近在金獅租帶子，看到了一部《甜過巧克力》（Better Than Sex）的電影，立即借了回家看。

這一陣子，用巧克力做片名的電影多得不得了，《濃情巧克力》、《巧克力情人》、《巧克力戰爭》等等，連這部本來該直譯成《比性更好》的片名，也根據片中的隱喻取了個比原名更好的譯名。

《甜過巧克力》的翻譯指出了電影的重心，一個壓抑情慾的單身母親，在面對女兒的同志之戀及兒子的不倫之戀後，才領略了她自己一直以爲巧克力是Better Than Sex的取代品，而其實性才是甜過巧克力的。

《甜過巧克力》的同志宣言，也可以在古巴電影《草莓與巧克力》

中聽到，這部有名的古巴同志電影，在台北的國際影展放映過，我是在倫敦的同志影展看的，當時這部電影曾被選爲當年度最受歡迎的同志電影。

《草莓與巧克力》電影中，一位原本深信共產黨教條的男子大衛，在女友爲了金錢移情別戀後，遇到了一位他原本認爲是社會壞份子的同志第耶哥，這位第耶哥雖然喜歡大衛，還以草莓冰淇淋當成引誘大衛的材料，但當大衛表明他只愛女人不愛男人後，他還好心地爲還是處男的大衛介紹他的鄰居——熱情的妓女來開葷。

這部《草莓與巧克力》觸犯了許多古巴社會的禁忌，電影中第耶哥私藏美貨，他開了一瓶約翰走路的威士忌，刺激了大衛重拾對寫作的熱情，再用法國的Remy Martin的XO白蘭

地，幫助因被女友拋棄而喪失男性活力的大衛，重新從女人身上找回對愛情的信念。

草莓、威士忌、白蘭地、巧克力，在電影中都成了資本主義社會的象徵，用來解放受極權的古巴政權控制下貧乏困窘的心靈。難怪資本主義社會中，人們寧願受「美食」奴役，也不願意在共產主義社會中，被「飢餓」奴役。

《油炸綠番茄》是一部探討女同志情誼的主流電影，電影藉著一位疲倦、身材變形、不再自信的中年女子，在拜訪養老院時，認識了一位老年女性，而這位老婦女告訴她一個關於兩個女人的故事……

故事是在一九二〇年代保守的美國南方阿拉巴馬的小鎮，一位性格強悍、不讓鬚眉的女子殷奇，一直喜歡著哥哥的女友陸芙，但在哥哥意外死去之後，陸芙嫁給了會虐待女人的丈夫。在殷奇幫助下，陸芙逃離了丈夫，兩個女人胼手胝足地在鐵路旁開了一家小咖啡館，在這家咖啡館中殷奇發明了一道叫油炸綠番茄的料理，這是用麵包粉裹著青色的番茄片，再放入滾油中炸。

油炸綠番茄在電影中象徵了女性互相倚靠的情誼，同志女人不見得一定要學著過紅番茄的生活，紅番茄常常會被搗成碎泥，就像女人被婚姻、家庭生活壓扁一樣，做綠番茄，雖然生脆，但姿態較硬，也可以和其他女人相濡以沫，炸成綠番茄餅，還挺好吃的。

我曾試過把綠番茄包著肉末，再裹上蛋、麵粉、水，一起炸，這道菜很像我爸爸常做的家鄉菜「油炸蓮藕餅」。

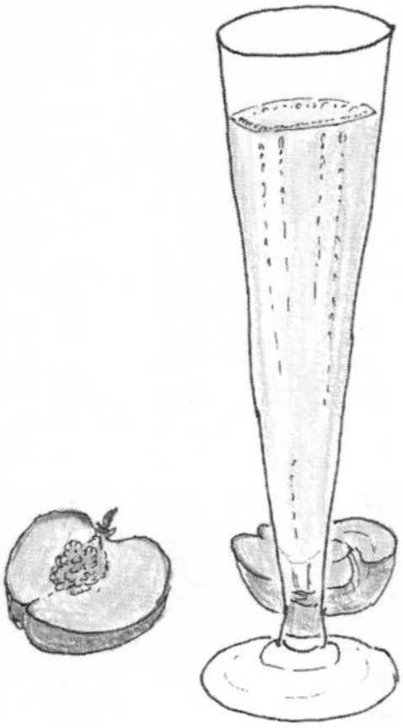

同志的滋味，是解放社會禁忌的滋味，熟悉的男女之道是人生的一種味道，而同志之道提供的是另一種味道，在不同的味道中，我們開拓了生命味覺的更多可能性。

壓抑與解放的生命滋味

爲什麼有些食物會有禁忌呢？因爲有些人相信食物入口後，不僅通過胃腸、肛門，還直通靈魂，因此有的食物是神創造的，像簡單的麵包、麥片、常見的家畜（雞牛）或魚類，吃這些食物是爲了維持溫飽，讓自己的身體成爲上帝的殿堂而已，而非爲了享受及歡愉，若吃某些食物，引起了身體很大的興奮時，則這些食物就有可能是魔鬼的創造。

《芭比的盛宴》，就是一部處理食物禁忌與解放的電影，片中的丹麥姊妹，篤信丹麥新教，過著節制、謹愼、保守、單調、敬仰上帝的生活，他們吃的食物都像是燕麥粥，雖然營養豐富，但口味平淡，之後一個曾是巴黎大廚的芭比，爲了避法國大革命之禍而落難於此，但芭比似乎也滿意於丹麥小鎮的生活，當她得知自己中了法國樂透彩劵後，並未急著離開，她想的是做一頓豪華的筵席，來報答收容她多年的丹麥姊妹。

《芭比的盛宴》是藝術的滋味，歌頌世俗的享樂及品鑑，最好的酒、起司配上鵪鴣與海龜做的食物，完全像是享樂的魔鬼的召喚，而一席吃喝下來，壓抑的姊妹與他們的鄰居，卻通通被食物催眠了，他們放鬆了臉部的表情，露出了微笑，想起了生命中曾有過的，靈光一現的愛與歡愉，也放下了心中評斷他人的天秤，鄰人彼此因寬容而和解了。

俄國小說家杜斯妥也夫斯基曾說過，好好洗一頓盡興的熱水澡，對道德的提升，比上帝的教誨還有用。在《芭比的盛宴》中，我們可以改成說：「吃一頓盡興的盛宴，對道德的提升，比上帝的教誨還有用。」

《濃情巧克力》，也是一部關於宗教壓抑與食物解放靈魂的電影，片中的小鎮，有若一個小小的神權王國，當地的牧師用保守的宗教規範統治鎮民的生活，排斥一切逸樂、脫軌、背德的行為。因此，當一位單親媽媽帶著小女兒來鎮上開了一家巧克力店，而且迅速以溫情、關愛、寬容的心靈巧克力撫慰了許多鎮民的心靈時，牧師感到了極大的憤怒，因為世俗的巧克力店竟然比他神聖的教堂還受歡迎，他因此認為，巧克力店一定是魔鬼所在地。

為了捉鬼，牧師潛入巧克力店，沒想到自己卻忍不住吃起巧克力，而巧克力卻釋放出他體內的獸，讓他成為一隻愛吃巧克力的豬。《濃情巧克力》是一則寓言，巧克力在此成為靈魂復活的象徵，卻有如馬雅文明中的貴族，死後口中要含一片巧克力，讓他們死後得以復活。

費里尼一向是歌頌藝術與生命歡愉的電影大師，在《羅馬》與

《甜美生活》中，我們都可以看到南歐的義大利人，如何沉浸在食物與性的享樂天堂之中，但費里尼也知道，生命滋味被解放後，如果一味沉迷在逸樂的滿足中，光是食物和性並不能解決生命空虛的問題。因此《甜美生活》的馬斯楚安尼，必須遠離甜美生活。

生命原本是一場平衡木上的舞蹈，在解放與節制之中，尋求完美的演出。

《蒲公英》是一部歌頌生命味覺的電影，片中只有眞正懂得食物百般滋味的人，才懂得生命最眞實的滋味。

從對一碗拉麵，近乎頂禮式地品嚐，到發揮工匠主義的極致訓練，去成就煮出一碗令人心滿意足的拉麵，《蒲公英》談的不只是烹飪的藝術，更是日本人所相信的做事及做人的藝術。

當做菜如做愛一樣時……

我有一個女朋友，談戀愛經歷的挫折不少，之後她把心思都用到學做菜，在上學校做菜的經驗之中，她體會了不少男女情愛的道理，雖然都不是她自己發明的，而是體會前人所說，但這些飲食情愛的心得，可供天下情場失意的人共勉。

第一條，「肉桂就像男人，你要瘀傷他，才嚐得出他的味道。」這條定律說明了男人爲什麼喜歡壞女人了，只有壞女人才會讓男人傷心又傷身，所以壞女人最懂得男人的味道。我的女朋友說，她從前一直努力在做個乖乖女，沒想到幾場戀愛談下來，就像是用肉桂棒調卡布奇諾咖啡時，不懂得先刮幾下肉桂棒，因此根本毫無滋味可言。

第二條，「愛吃就不要怕弄破碗，進廚房就不要怕熱，上床也不

CUMIN SEEDS
STAR ANISE
BERRY SEEDS
SUMAC
GINGER
RED PEPPER
GARLIC
MACE

男人就如同香料一樣，你要瘀傷他，才嚐得出真正的滋味

要怕床塆。」女朋友一直是個矜持的女人，喝湯時絕不會發出聲，做愛時當然也不會叫出聲，因此她一直不曾體會什麼是美味高潮，更遑論情慾高潮了。直到她去學做菜，開始懂得把手放進醬汁中去試滋味，舐手指時可以嘖嘖發聲，還可以嗯嗯地呻吟喝下一碗美味的濃湯，這時她才知道過去幾年她錯過的是什麼。

第三條，「煲好湯的祕密和做愛一樣，要全心全意守著火候還要有耐心慢熬。」女朋友說，她如今再找男朋友，最首要的挑人功夫，不是看他的身高體重五官了，而是看那人會不會煮好湯，如果他懂得煲湯，也就比較可能懂得如何對待女人。怪不得現在流行說懂得料理的男人最性感了，飲食男和情慾男可以一併上陣了。我的女朋友說，她想到了以前交往的男人，就好像想到自助餐廳送的那碗免費大鍋湯了，一點味道也沒有，唉！

第四條，「做好菜不只要用舌頭，還要用鼻子，做愛也一樣。」

女朋友說，人類的身體在性興奮時，會散發出像海洋一樣的氣息，而這點說明了爲什麼許多的海鮮都被當成高潮食物，像生蠔、貽貝、海膽等等，女朋友說愈不怕腥的人，常常是愈好的愛人，如果一個人連海鮮的腥都受不了，當然對人體的腥也無法忍受了，和這樣的人翻雲覆雨，就彷彿戴了口罩做菜一樣，怎麼會有滋味可言呢？

第五條，「做菜時下香料要懂得用手揉搓。」九層塔、迷迭香、牛至草會在手的溫度下釋放香味；做愛也一樣，要懂得雙手並用。女朋友說，她如今手中經常充滿了薄荷、大蒜、生薑的味道，不知道何時她才能用她的一雙巧手，去揉搓出男人的香味？

選女人還是食物

女朋友和男友分手了，理由是男人愈來愈愛吃，讓她覺得男人已經不愛她了。

從前她和男人約在餐廳見面，男人總是迫不及待地在餐桌下用腳緊扣住她的小腿，用手輕撫她的手臂，用眼睛吃遍她的全身。那時，男人對菜單是沒太大興趣的，只會隨便叫一兩道簡單又吃不太飽的食物，她知道，男人想吃的是她。

可是，當有一天男人坐在餐桌前，全神貫注地研究菜單的每一頁，還不時和她討論該叫些什麼不一樣的食物，並且胃口奇好，從前菜、主菜叫到甜點、咖啡、餐後酒，男人興致勃勃地等候美食端上桌、眼神發亮地吃著、微笑著，對她讚歎著食物的美妙，吃完後，男人心滿意足地靠在椅背上，男人的眼光沉醉，這個整晚根本沒有好好地看她一眼的男人，已經不想吃她了，她已經輸給了美食。

誰說抓住了男人的胃，就抓住了男人的心，女人如果變成了一個可以提供美食的餐館，愛吃的男人的確會乖乖地回家，畢竟飽餐一頓又不用付錢是很好的事，但是，飽餐的男人往往是最不想上床的男人。

在熱戀中的男女，饑餓往往是刺激情慾的最佳方式，兩個人關在旅館中兩天

結了婚後，男人失去了胃口嗎?

兩夜，日日夜夜纏綣，餓到極致時，只去叫些土司、水果、蛋、牛奶、生蠔之類的小食，在床上玩電影：「愛你九周半」或「感官世界」之類的遊戲，食物只用來維持最基本的做愛精力，還可以順便當成情趣玩具，這對熱戀中的男女此時絕不會考慮要飽餐一頓，如果是叫來兩客十二盎司的牛排，吃得肚皮翻天時，恐怕誰都沒了性趣了。

當飽餐的肚子容不下太多的性慾時，結了婚的男人回家吃飽了飯，怎麼又會想在床上滿足饑渴呢？戀愛中的女人，往往是不管男人的肚子的，這時男人把她的手、她的舌、她的乳房當成世界最美味的食物，只可惜，女人勝過食物，永遠是一時，而不是永遠。去問問任何一個男人，要他們誠實地回答，世界上最美味的是什麼，女人還是食物？

男人、女人的性與胃口

誰都知道男人女人在性愛的喜好與反應上大不相同，男人愛的是高潮的結束，女人愛的是高潮的過程，男人要的是性的飽足感，女人要的是性的永不饜滿。

我有一個日本女朋友，有一次說起日本食物，說大阪料理是男人的食物，大阪人愛吃分量足、口味重的御好燒，大口大口讓食物塡滿胃的饑渴，就像肉感的女人塡住了男人性的渴望一樣，但京都料理卻是女人的食物，京都人喜歡分量少、口味清淡幽遠的湯豆腐，每一細口吃的都是對食物的想像，就像女人在性交時，要的是纏綿繾綣的愛的氣氛，性是女人靈魂的食物。

做餐館生意的人也都知道這個道理，男人是用嘴巴跟胃吃東西的，女人卻用眼睛和心吃東西，講究食物氣氛的餐館做的都是女人生意，或女人帶來的生意，我的男性朋友，和沒上過床的女朋友約會時，肯定去法國餐館吃美美的新派法式料理，但和上過床的女朋友碰面，卻堅持要吃日本燒肉。

結了婚的女人也明白這個道理，婚前還肯陪女友吃浪漫晚餐的男人，婚後除非結婚紀念日或做錯事，否則這些變成了先生的男人是不肯把浪漫當飯吃的。

男人和女人基本上愛吃的東西不一樣，因此男人

上過床後一起吃燒肉料理吧！

和男人一起吃飯，或女人約女人共餐的社交飲事愈來愈多，可見飲食最能反映人類的眞性情，但男人和女人對性愛的態度並不相同，但社會上仍然是大部分的男人和大部分的女人做愛。

我有一個同志朋友就有一套性別與食物理論，他說，男人和男人做愛或女人和女人做愛，最能帶給對方性的滿足，因爲彼此要的東西比較相像。是這樣嗎？同性戀或異性戀的問題，眞能像吃食物一樣，告訴某人你從不吃辣，只是因爲你沒試過，試吃了辣，也許從此會愛上辣嗎？

男人對愛或食物，要的都是實在的東西，因此雖然說男人偷腥的多，但男人在婚姻生活中的滿意度也比女人高，女人對性愛或食物，眞正愛的卻是幻想的事物，因此女人的精神外遇絕對遠高於男性，而許多女人對婚姻沒感覺，可能都覺得那是一頓可以吃飽的晚飯，卻不是她當時最想吃的那一頓吧！

飲食男女VS.天堂極樂

我有收藏老食譜書的習慣，在我收藏的食譜書中，一本是中世紀的食譜，一本是文藝復興時期的，每次翻開這兩本食譜，都會想到壓抑飲食之樂的時代，一定重視宗教。而藝術價值發揚之時，飲食之樂絕對盛行。

在中世紀時期，教會不在意世俗生活，因此歐洲農業技術落後、土地荒蕪，一般民眾最常吃的就是大豆和碗豆，以及冬小麥、黑麥、大麥做成的麵包。

當時的客人吃得到肉，但做法簡單，從中世紀食譜中的宴會料理看來，最好的菜不過是小山羊、孔雀、天鵝的全燒烤，以及滷汁牛肉、小兔拌辣醬、丁香拌鹿肉、乳酪煮雞、鴿肉派等等。而甜點則是蛋點心、葯酒漬梨。

但這種其實很單調無趣的食譜；一般人根本吃不到；當時的教會不鼓勵吃肉，一年有三分之一的日子要齋戒肉食，因此星期五是吃魚日，但普通人哪吃得到全魚、活魚，吃的都是鹹魚乾。

當時教會還流行一種說法：「一日吃一餐是天使的生活，吃兩餐是人的生活，吃三餐、四餐或更多餐，是野獸、怪物的生活。」

文藝復興時代，復興的不只是文藝，飲食也大大復興，當時新興的飲食之道不僅重新向希臘、羅馬的古典時代尋找靈感，也向中

亞、阿拉伯、中國等東方國家取經，更因爲哥倫布「發現」新大陸，新大陸的食材更是大大地豐富了歐洲人的日常飲食。

今天歐洲人的主食番茄、洋蔥、馬鈴薯來自南美洲，香料中的肉桂、豆蔻、薑、丁香來自南亞，喝咖啡是向土耳其人學的，喝紅茶則是向中國人學的。

不必吃飯的天使和縱情飲宴的人們

當蕃茄剛傳入歐洲時，並不太受歡迎，因爲番茄外號爲愛的蘋果，很多清教徒聽了心驚膽跳，深怕吃下長得紅紅的、很具誘惑性的蕃茄，等於吃了禁忌之果。

宗教一向強調天堂之樂，鄙視、壓抑世俗之樂，凡飲食男女之道，皆非其所欲之，這點有其道理，凡人如沉浸在飲食、男女的廣大樂趣之中，是不會再受天堂的吸引了。

宗教總是要拉著人類脫離紅塵，但藝術卻擁抱紅塵，看看多少藝術家歌頌美食、美酒以及美男女。

有一部法國電影《芭比的盛宴》，講的就是飲食男女對抗天堂極樂的故事，電影中，美食就是天堂。

歡愉的代價

歡愉是要付出代價的，這種觀念，深埋在骨子裏是清教徒的大多數英國人心中。這就難怪英國作家蘭開斯特會寫下《歡愉的代價》這樣的書。

書中的歡愉是美食，而付出的代價是死亡。大概也只有英國作家才會想到去設計一個美食家是連續殺人凶手，這個設計是很反諷的，因爲有些人在嘲笑英國典型烹飪難吃時，總愛說英國廚子擅長的不是做菜（cook），而是 kill 食物。這會兒好了，《歡愉的代價》書中的業餘英國家廚，可十分擅長烹調，做出來的菜好吃極了，但他卻會用他的菜去殺人。

因爲享受了別人的美食而死，這樣的主題，換成熱愛美食的拉丁人及中國人，是不會想碰的。但有些英國人把「享受」看成「犯罪」的同義字，為了避免犯罪（及享受），有人說英國人就發明了熱水袋，可以避免享受性；也設計了一流的餐桌禮儀，以避免享受食物。但《歡愉的代價》中的敘述者，偏偏是個十分享受味覺的人，懂得分辨最微細的食物味道，又耽溺在食物複雜的愉悅和想像之中；但這種強烈的享受慾望，卻在書中被比擬為毀滅的慾望。作者心理分析式的發現有其道理，「吃」是吞下，是毀滅，熱愛美食的弟弟要吃下他人；但他的藝術家哥哥，卻是個根本不在乎吃的人，他厭惡、排斥食物，取而代之的卻

是強烈的創造慾望，他用雕刻做爲佔有世界的方式。

這種藝術和美食對立的態度，並非我所樂見，但卻也讓我想到一個有趣的現象，那就是法國和義大利的作家，有不少是豐滿肥胖者，但英國（尤其是盎格魯撒克遜種）的作家，不少卻瘦骨嶙峋。

也許，這世界上眞有兩種藝術態度，可以用對食物的態度來區分，一種是「好吃人」寫

法國人吃大餐，英國人吃餐桌禮儀

的作品，一種是「不好吃人」寫的作品。用中文來看，「好吃」人和好「吃人」的相似性更明顯了。

《歡愉的代價》也令我想到了，同樣是北方民族的德國作家徐四金的《香水》，主題是因嗅覺的歡愉而殺人；不敢說英國的蘭開斯特絕對受徐四金啓發，但這兩本書的關鍵，都是受五官（嗅覺、味覺）的本能而趨動的毀滅本能，卻是十分佛洛伊德的。

《歡愉的代價》是一本有趣的書，雖然表面上談的是食物，但卻和坊間許多和食物有關的小說十分不同。書中處處充滿哲學的囈語，例如作者會說「乳酪有哲學的趣味」、「酵母和神祕性有關」、「美食主義是一種同意」、「而喜歡意味著心甘情願把自己交付給死亡」……，我必須承認，看《歡愉的代價》時，我的唾液逐漸停止了分泌，但腦子卻必須大量轉動，以應付作者十分特殊的辯證式的食物哲學。

《歡愉的代價》不是寫給熱愛美食的讀者看的書，這本書不像《巧克力情人》或《天生嫩骨》那樣禮讚食物的歡愉，而是在剖析人類的味覺歡愉之下的毀滅本能；也的確，沒有殺生，哪來食物？不要說殺雞鴨牛羊是殺生，蔬菜水果難道不是生命嗎？

也只有英國作家敢這樣，把味覺歡愉變成了殺生哲學。這就是我看這本書的代價，從此，當我享受美食時，如果不能停止這種思考，這本《歡愉的代價》可能會比《哲學家的食譜》更具減肥書的功用。

天生嫩骨

臨啓程去義大利前，接到要寫書評的《天生嫩骨》一書，帶這樣一本講食物和人生回憶的書去旅行，確實是很好的安排，我想著可以在旅途中細細品味這本書，就像我計畫著要在義大利好好地尋訪各種食物的滋味。

誰知道在飛機上隨手翻翻這書就停不下來了，作者露絲．雷克爾實在是說故事的高手，讓我手不釋卷地在飛機上就看完整本書，而書中許多妙趣橫生的情節也讓我一路在眾人皆眠的機艙中失聲發笑。

就像在食物上運用不同的香料以增添風味，作者雷克爾深懂廚藝的祕訣就在於想像力，因此她在寫個人的回憶錄時，也強調她回憶的事件是眞的（就像雞是雞），但卻不是千眞萬確地（雞可以有上百種烹調藝術，就看你的想法如何）；而做爲讀者的我們，就像品嚐大廚做菜一般，誰管那位廚師做菜的手法正不正確，重點是好不好吃，而雷克爾女士的這本「自傳故事書」，除了表達出作者獨特的食物品嚐評鑑的知識和趣味外，更引人入勝的卻是在和食物有關的人情之中顯露的人生體會，也因此讓這本書不僅充滿了各種食物的滋味，更充分表

古怪太太準備的罐頭晚餐

現出豐富的人生滋味。

雖然作者並未在書中直接批評她那位行事古怪、專門請賓客吃發霉食物的母親，但從所有和母親有關的回憶中，我們卻發現作者母親忽略食物好壞的個性，其實正隱藏了精神官能症的病狀；而雷克爾女士用幽默誇張讓人哭笑不得的方式敘述她從小如何在派對中阻止她喜歡的人吃下母親做的菜，其實也透露出作者從很小的年齡時，就已經從人生中學會把「壞食物」和「不愛」畫上等號（作者的母親明顯地不懂愛也不在乎別人的味覺或感覺），而好的食物滋味卻常常和愛聯結在一起，像作者對小鳥姨婆及管家愛麗絲的懷念，這一對老婦人教導她的不僅僅是如何好好做一道炸牡蠣，還有著伴隨做好菜時需要的溫柔、耐心、細心和體貼他人的心情。

作者對於食物好滋味的回憶，就像一本情感的記事簿。她和丈夫情感的聯繫起於糖醋烤牛肉，她回憶起室友的友誼時也想起她們一起分享的圭亞納椰奶麵包，而她在異國旅行時和陌生人的感情交流也都和品嚐當地佳餚有關，而她樂於品嚐不同的食物，正代表了她對愛抱持的開放態度，而她樂於做好菜給別人吃，也表達出她勇於給予愛和關懷。相形之下，她丈夫對於童年飲食的回憶卻是電視餐和各種罐頭食品。

食物和熱情似乎是雙胞胎。書中熱情的人幾乎都熱愛吃、也熱愛人生。但食物和熱情卻也和文明化、工業化背道而馳，在現代超市、速食、冷凍餐、微波食品盛行的今日，人們常常食不知味，而喪失細細體會味覺的現代人，患的是不是像作者母親一樣的精神官能症呢？

雷克爾女士的《天生嫩骨》，是一本能喚起人們對味覺的憧憬以及對和味覺有關的一切情感嚮往的好書。

我們是我們所吃的東西

《橄欖》與《蘋果》這兩本書都先後（九七年與九九年）得過在國際美食寫作圈中頗負盛名的「全球美食獎」，但如果以爲這兩本書「只是」美食寫作，那就太小看書的深度和廣度了。

這兩本書選擇的主題，不管是橄欖或蘋果，都是西方日常飲食中相當普遍的食品，橄欖的油可煎炒拌食物，果可醃製吃，木可燻製食材；蘋果是常見的水果，可當做菜食材、甜點料，還可釀製蘋果酒；這些種類繁多的橄欖和蘋果做成的食品，當然是貫穿這兩本書的重點，字裏行間都閃爍著吊人胃口的誘惑力，讓讀者一邊看書一邊像想念情人般地回憶嘴中曾有過的各種橄欖和蘋果的滋味。

然而，橄欖和蘋果除了會勾引出人們嘴中的記憶外，對於飽學多聞的作者而言，還有太多的記憶有待被述說。兩本書的作者，剛好都從事新聞工作，寫《橄欖》一書的是美聯社的編輯、寫《蘋果》一書的是公共電視台記者，在緊張多變的媒體工作之餘，閒暇的嗜好及狂熱竟然都是種植果樹，也由於兩人都有業餘農夫的身分，因此在下筆寫作時，除了展現了記者、編輯具有的收集知識、處理資料的能事、讓讀者飽讀了從「橄欖」、「蘋果」而起的神話典故、詩文淵源、植物小史、農業問題、食物人類學感懷、食品市場縱橫……等等，這些豐富的知識既古往今來、又跋涉東西，再加上引經據典、旁徵博引，雖然可以滿足像我這種嗜讀雜書、對和自己專業不相干的知識有無比熱情的讀者，但我卻懷疑一般讀者是否會被書中太多「知識」所壓垮。

還好，兩本書中的寶藏倒不是只有知識，眞正有價值的是從兩個人親自種樹、收採橄欖、蘋果，榨橄欖油、釀蘋果酒的這些具體實踐過程中，所體會出的人對食物與人和大自然之間的深奧感情。

《橄欖》一書中，作者提到他看到陽光閃爍在一邊銀色、一邊綠色的橄欖葉上，彷彿一片綠色海洋上的銀色波濤，讓我想到自己在希臘聖城戴爾菲時俯視山下的橄欖樹海時內心的感動，而書中一直讚歎的精純的橄欖油，除了是當今世人公認最健康的食用油外，作者還提出了一個相當有趣的說法：「葡萄酒是為宗教而生，橄欖油是為哲學而在。」橄欖的存在彷彿見證文明，許多橄欖農夫都推信橄欖樹可存活數千年，而橄欖樹的確十分長壽，很不容易死，即使舊根死亡、新根也往往可以在原處再生長。橄欖樹的用途又是多到不可思議，橄欖木可以做歷險歸來的希臘英雄奧德賽的新床、新羅門王神廟的門，救世主彌賽亞這個神聖的名詞，還有一個意義是指橄欖油做成的軟膏，猶太人燒了八天的永恆之火也是由橄欖木點燃，在今天猶太的諺語中「純靜的橄欖油」，指的是善良的人、橄欖葉曾掛在耶穌頭上的王冠，橄欖樹被認爲是最智慧的樹，適合人們在樹下沉思，書中作者也提到希臘人的俗諺：「星期日時女上教堂、男人去橄欖樹下獨處」……

和《橄欖》相同，《蘋果》一書也充滿了多采多姿的知識和感性，尤其在考證蘋果樹的緣起，在哈薩克作者做了一趟蘋果的朝聖之旅，帶領讀者飛去拜訪蘇聯的「蘋果之父」，這位八十多歲的老農夫堅持用自然的有機法培育出不需人工肥料的原始品種，實在令人感動，透過這些蘋果樹在全世界的漂泊遷徙史，我們看到了人類的文明愈加繁複，卻離自然愈遙遠的悲傷。

對我而言，這兩本書彷彿是以知識寫出的給農業、自然及生活的詩篇，兩位媒體人喚起我基因中潛藏的遠古的記憶，我們或許都曾有過農夫的記憶，懂得自然、風雨、土地和樹木果實之間相親相依的關係，但如今絕大多數的人都忘了農業其實是最自然的工作，水果也不全是來自超級市場上的貨架，有一句話說「我們是我們所吃的東西」，食物的滋味原本是最自然的滋味，但如今我們吃的多半是文明的滋味，怪不得現代人的心靈如此飢渴。看完了《橄欖》、《蘋果》兩本書，我又做起了擁有一個橄欖園或蘋果園的夢。這兩本書的作者說的就是這樣的夢。

味蕾的基因記憶

有一天，當我在旅館中吃著西式早餐，看著盤中，完全遵照我的吩咐來的半生熟、一面煎的荷包蛋，一個滾黃的圓球，躺在煎得仍然十分生嫩的蛋白中，這時我剛好抬頭看著旅館外的黎明，也正是一輪黃色的火球自魚肚白的海面上升起……原來，**我嗜吃的半生熟荷包蛋，所滿足我的不只是口慾，還象徵著彷彿吞食太陽的生命儀式。**

人們和飲食的關係，有著複雜的文明糾纏。每個人從原人進化到文明人的過程中，歷經的基因變遷大不相同，也因此人的口味中蘊藏了各種神祕的基因流轉的牽引。

有的人特別喜歡生食，不管是生魚片、生蠔、

韃靼牛肉、生蝦，但有的人完全不敢吃生，不敢的人恐怕是受了文明禁忌的箝制，認爲熟食是文明，生食則否，但原始人類其實都是食生的，嗜生的人或許體內一直聽到遠古味覺的召喚，嗜生食海鮮的人，也許體內潛伏的是一個海陸兩棲的動物的靈魂，而嗜吃生肉及各種內臟的人，是否體內仍蟄伏著一個食人族？

有的人特別嗜腥，尤其是帶潮味的魚蝦蚵蠣之生腥，是否這樣的人的味覺記憶特別靈敏，藉著嘴中潮腥的滋味，可以追溯到本體在母親子宮中，及游出陰道時吃到的味道。

也有人追逐霉臭之味，如霉乾菜、腐乳、臭冬瓜、臭豆腐，這樣的人也許轉世時喝不夠忘川水，因此，仍記得墳中那腐爛的屍身所散發的死亡幽冥的味道。

人類的飲食，一直和遠古糾纏不清，直到現代的速食業興起，許多小孩已經被教養成只愛吃碎肉雞塊、麵包、薯條、速食麵、人工調味料，這樣長大的小孩，就將如同人工飼料餵養的動物，這難道就是文明的代價嗎？我們的基因是否會突變成飼料人？

歐洲吃文化大不同

幾年前在歐洲做了一趟大旅行，一路上從北歐的瑞典、挪威、丹麥，南下德、奧、瑞、荷、比盧，再玩英、法，之後又去西班牙、葡萄牙、義大利，最後落腳希臘。

那一次旅行，讓我親身體會了一個歐洲，其實分裂成好多不同的文化概念，就單從吃東西的分量和時間，就可以看出有很大的不同。

在北歐國家，旅館的早餐從早上五點半就開始，剛開始我還在想哪有旅人起那麼早的，有一天早上六點多，我特地早去旅館的餐廳，竟然已經坐滿了旅客（大都是北歐的商務旅客）。

北歐的早餐，是一天中分量最多的一餐，簡直就像自助餐的冷食區一樣，光是醃鯡魚就有四、五種，醋漬的、美乃滋的、洋蔥的、香料醃等等，冷火腿、香腸、醃肉、燻魚等等也一大堆，再加上各種起司，其中最討我歡心的是挪威有名的Brown cheze，色澤褐黃，味道有點像深花生醬，口感柔細，十分好吃。

北歐人早餐喝很多的冰牛奶，再配上各種燕麥、水果以及各種大小的雜糧麵包，黑色的裸麥麵包加上鯡魚，好吃極了。

這麼豐富的早餐一吃，中午當然不餓，只要吃個open sandwich就夠了，而北歐人家裏的晚飯吃得早（五、六點左右）也簡單，有時不過是把早上吃的東西再拿出來吃，而分量吃得還比早餐少。

到了德、奧、瑞一帶，早餐時間就變成七、八點，時間晚一些，東西也少一些，去掉了鯡魚、燻魚，剩下一些醃肉、火腿、香腸，再加一些麵包，但中午、晚上卻會多吃一點，在德奧一帶，晚餐至少有熱湯、烤過的香腸麵包，豬腳、炸豬排之類的，而且吃飯時間也延至晚上六、七點開始。

到了英法一帶，英國人比法國人吃得較早（旅館早餐正式時間是八點），也多一點，標準英式早餐除了煎蛋、醃肉外，還有烤磨菇、烤蕃茄、燉豆，再加薄薄焦焦的四片吐司和一大壺茶，法國人的早餐多半從八點半開始，標準巴黎人早餐只有橘汁、可頌、果醬及咖啡，但早餐的簡單，到了晚上可補回來，晚上八點到八點半，是法國人四處找吃喝的時間，正式的晚餐至少要四道菜才像話。

到了南歐，在西班牙、義大利、葡萄牙，早餐根本只是夜貓子隨便塞嘴的東西，一小杯濃咖啡配一小個甜麵包，多半是在上班途中或進了辦公室後才想到要吃的東西，而不少人最喜歡的早餐時間，是上班到十點半後才溜到附近咖啡館，叫杯咖啡，配個麵包或小三明治（義大利人的最愛），還有人會叫杯小啤酒，休息個半小時後才又回去上班。

但南歐人的晚餐可豐富了，從晚上九點到十點之間，西班牙的酒館，義大利的食堂，都擠滿了大吃大喝的人，而且通常會吃到晚上十二點多。

到了希臘，早餐就更簡單了，街上有種專門賣乾乾的芝麻薄餅小販，路人隨手買一個，一路吃一路掉芝麻，之後一天內吃各種零食增強體力，一直到晚上十一點才是正式的晚餐時間。

我在雅典時，有一回應一位希臘船長的晚宴邀約，對方十一點半才來旅館接我們，到了當地十分有名的燒烤餐館（據說是希臘總理及明星的愛店），已經十二點了，當時人不多，但當我們叫好食物，等多種烤羊肉、牛肉、海鮮上桌時，餐館卻突然擠滿了客人，而我們從十二點半吃到了二點，但這並非他們的宵夜，而是晚餐，怪不得他們早上吃不下東西。

這就是歐洲，別以爲他們都是歐洲人，其實彼此的差異很大，至於臺灣、香港又是怎樣呢？說來也奇怪，臺灣、香港似乎吃得早也吃得晚，從一大早喝豆漿喝粥，到正式的中晚餐，再到宵夜東吃西吃，比較起來，我們可能是更愛吃喝的民族吧！

即使一個人，還是好好享受一頓豐盛的歐洲早餐吧！

世界美食的通關證書

我認識一些自稱美食無國界的世界友人，來臺北拜訪我時，不管我帶他們去吃豬血、豬耳朵、豬腸、蚵仔麵線、下水湯等等，都毫無問題；但卻有不少我認為飲食夠開放、夠大膽的人，卻敗在炸臭豆腐一味上。因此，後來我得到結論，外國人只有過了臭豆腐這關的，才算得到中國美食家的通關證書。

當我旅行到世界各地時，好奇、愛食如我者，也妄想得到各國美食家的通關證書，而我也確實發現，每個地方都會有一些食物是當地人認為外地人或外國人不敢吃的，如果有人例外，他們就會很佩服你。

在愛丁堡時，我的蘇格蘭朋友就用黑血腸及Haggis試我，黑血腸眞的很容易通關，吃來跟臺灣人吃的糯米血腸差不多，除了沒有醬油沾之外，我還滿享受黑血腸呢！

Haggis是裝在羊胃囊裏中的羊內臟混合著洋蔥、麥片、彷佛羊雜混合著四神湯，我也通了關，但蘇格蘭人實在沒有華人會處理內臟，吃來有腥味，哪有我們的羊雜加四神湯好吃呢！

在法國時，沒人拿松露、鵝肝、蝸牛、生蠔來試我，朋友知道這些都是我的最愛，有朋友拿各種乳酪試我，我也一一通關，連被喻爲臭味撲香的洛克福藍紋乳酪都沒問題。

後來，有個法國朋友知道我是不吃狗肉的中國人，想到了用巴黎人愛吃的馬肉試我，我雖然硬著頭皮吃了，也覺得味道不差，但吃完心情卻很沉重，我一向愛馬，吃了於心不忍，但難道我就厚馬而輕雞、鴨、豬、牛、魚等等嗎？總之，馬及狗是我的弱點，吃了一口馬肉的我，以後大概不會再吃了。所以這個通關證書不算拿到。

有一回去摩洛哥，跟當地的旅行團到沙漠體驗生活，晚上烤全羊，當地人把羊眼珠當成款待上賓的厚禮，但當羊眼珠遞給我時，我輸了，決定不要這張通關證書了。

事後，我想到自已一向愛吃魚眼珠，我的美國朋友看我吃魚眼珠吃得咂咂有味，都會覺得我很奇怪，爲什麼我就不敢吃羊眼珠呢？

不管是臭豆腐還是羊眼珠，世界美食的通關證書可不那麼容易拿的喔！

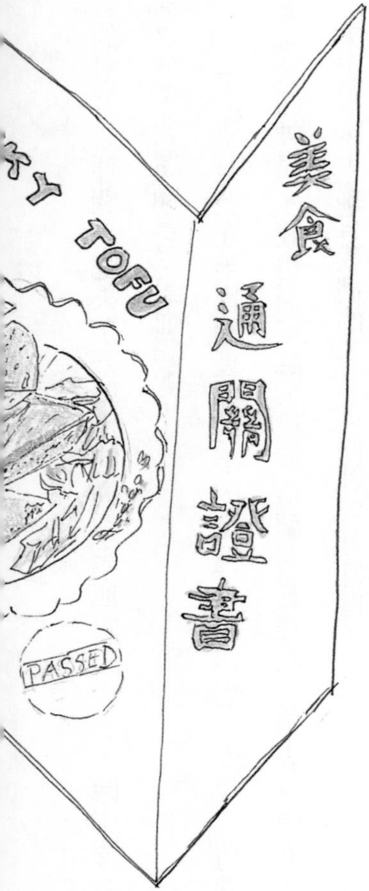

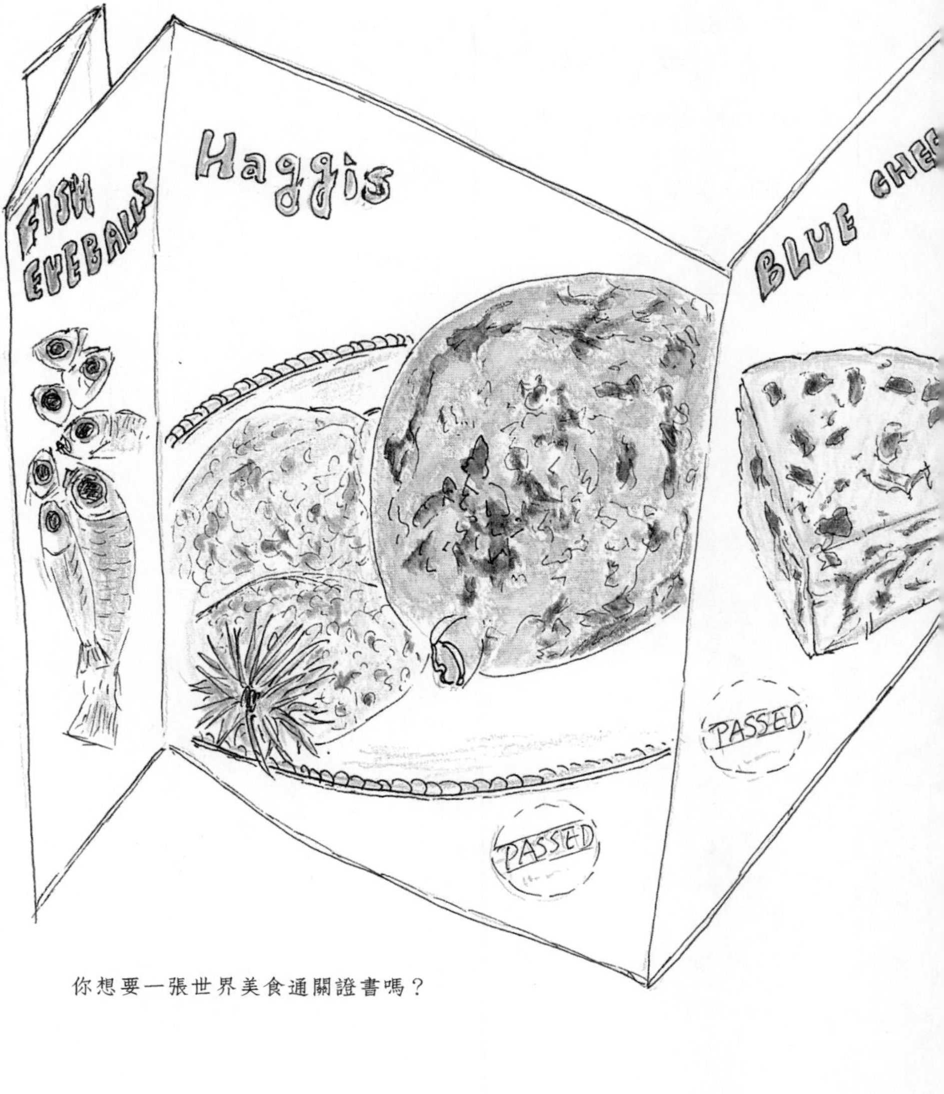

你想要一張世界美食通關證書嗎？

國家圖書館出版品預行編目資料

食在有意思：韓良露與朱利安的美味情境／
韓良露著；朱利安繪圖.——初版.——臺北
市：麥田出版：城邦文化發行；2003[民92]
面；　公分；（韓良露賞味舖；1）

ISBN 986-7691-18-0（平裝）

1.飲食—文集

427.07　　　　92007921

麥田出版

廣	告	回	郵
北區郵政管理局登記證			
北台字第10158號			
免	貼	郵	票

cité 城邦 城邦文化事業(股)公司

100台北市信義路二段213號11樓

請沿虛線折下裝訂，謝謝！

麥田出版

文學・歷史・人文・軍事・生活

編號：RD8001 書名:食在有意思

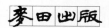

cité 城邦

讀者回函卡

謝謝您購買我們出版的書。請將讀者回函卡填好寄回，我們將不定期寄上城邦集團最新的出版資訊。

姓名：＿＿＿＿＿＿＿＿電子信箱：＿＿＿＿＿＿＿＿＿＿＿＿＿＿

聯絡地址：□□□＿＿＿＿＿＿＿＿＿＿＿＿＿＿＿＿＿＿＿＿＿

＿＿＿＿＿＿＿＿＿＿＿＿＿＿＿＿＿＿＿＿＿＿＿＿＿＿＿＿＿

電話：(公)＿＿＿＿＿＿＿＿＿＿＿分機＿＿＿＿（宅）＿＿＿＿＿＿

身分證字號：＿＿＿＿＿＿＿＿＿＿＿＿＿＿＿（此即您的讀者編號）

生日：＿年＿月＿日　性別：□男　□女

職業：□軍警　□公教　□學生　□傳播業　□製造業　□金融業
　　　□資訊業　□銷售業　□其他

教育程度：□碩士及以上　□大學　□專科　□高中　□國中及以下

購買方式：□書店　□郵購　□其他＿＿＿＿＿＿＿＿＿＿＿＿＿

喜歡閱讀的種類：＿＿＿＿＿＿＿＿＿＿＿＿＿＿＿＿＿＿＿＿＿

□文學　□商業　□軍事　□歷史　□旅遊　□藝術　□科學　□推理

□傳記□生活、勵志　□教育、心理　□其他＿＿＿＿＿＿＿＿＿＿

您從何處得知本書的消息？（可複選）

□書店　□報章雜誌　□廣播　□電視　□書訊　□親友　□其他

本書優點：（可複選）□內容符合期待　□文筆流暢　□具實用性
　　　　　□版面、圖片、字體安排適當　□其他＿＿＿＿＿＿＿＿

本書缺點：（可複選）□內容不符合期待　□文筆欠佳　□內容保守
　　　　　□版面、圖片、字體安排不易閱讀　□價格偏高　□其他

您對我們的建議：＿＿＿＿＿＿＿＿＿＿＿＿＿＿＿＿＿＿＿＿＿

＿＿＿＿＿＿＿＿＿＿＿＿＿＿＿＿＿＿＿＿＿＿＿＿＿＿＿＿＿

＿＿＿＿＿＿＿＿＿＿＿＿＿＿＿＿＿＿＿＿＿＿＿＿＿＿＿＿＿

＿＿＿＿＿＿＿＿＿＿＿＿＿＿＿＿＿＿＿＿＿＿＿＿＿＿＿＿＿

＿＿＿＿＿＿＿＿＿＿＿＿＿＿＿＿＿＿＿＿＿＿＿＿＿＿＿＿＿

＿＿＿＿＿＿＿＿＿＿＿＿＿＿＿＿＿＿＿＿＿＿＿＿＿＿＿＿＿